과학의 미래

The Future of Science

과학의 미래

청소년이 묻고 과학자가 답하다

초판 1쇄 인쇄 | 2011. 4. 10.
초판 1쇄 발행 | 2011. 4. 15.

지은이 | 박승덕 외
펴낸곳 | 자유로운상상
엮은이 | 과우회
디자인 · 편집 | 블룸

등록 | 2002년 9월 11일(제 13-786호)
주소 | 서울시 성북구 장위동 231-187 102호
전화 | 02-392-1950   팩스 | 02-363-1950
이메일 | hks33@hanmail.net

ISBN 978-89-90805-57-7 43400

청소년이 묻고

The Future of Science

과학의 미래

박승덕 외 **지음** | 과우회 **엮음**

과학자가 답하다

자유로운상상

CONTENTS

대한민국 젊은이임을 자랑하라

이론, 경험, 지혜가 녹아 있는 세대간의 과학대화

진리, 진실을 안다는 것은 쉬운 일이 아니다. 이론을 많이 안다고 진리를 아는 것도 아니며 사실을 열심히 추궁한다고 진실에 도달하는 것도 아니다. 그것은 성실이라는 가슴속에 이론과 실험과 경험과 지혜를 거쳐야만 도달하는 길이다. 책상에서 책만 보거나 혼자서 상상만 하거나 대상을 만져만 보아서는 이르지 못하는 길이다. 과우회의 사회봉사 특히 대한민국의 과학기술자, 과학기술정책 참여자들이 그 원숙한 경험을 거쳐 그리고 아들, 딸다 키우고 하늘을 외경할 줄 아는 원로가 되어 손자, 손녀들에게 자연의 이치를 가르치는 것은 그 자체로서도 아름답다. 아름다운 봉사이다.

그러나 더 아름다운 것은 어린 청소년 소녀들이 과학의 진리, 자연의 진리, 땅과 하늘과 물과 새와 나무의 진리, 자동차와 비행기와 iphone의 원리와 메카니즘을 책이나 실험실이 아니라 경험으로, 체험으로 배울 수 있다는데 있다.

요사이는 p.p와 graph와 image의 발달로 말의 전달이 필요 없는 커뮤니케이션의 세상이 된 듯싶다. 그러나 그 어떤 통계, 숫자, 표어, 영상도 결국 마지막 사람의 말로서, 말의 울림을 통해서 그 진리, 진실이 다른 사람의 마음으로 전달된 때라야 진리, 진실이 사람으로 하여금 어떤 결심, 확인, 믿음, 감격, 행동으로 바뀌게 된다.

과우회가 각 학교를 다니며 어린이들과 세대를 뛰어 넘는 과학의 대화, 청소년들이 묻고 과학자가 대답하는, 마음에서 마음으로 옮겨지는 아름다운 풍경이 책으로 나왔다. 과학기술의 진리와 원리를 가르치되 완숙한 인격들이 풀어내는 대화여서 과학기술이 만들어내는 세상이야기, 나라이야기, 사회이야기가 같이 묻어 있다. 그리고 사람이 살아가는 도리, 과학기술자의 꿈이 그려야 하는 세상들까지 펼쳐진다.

대한민국의 과학기술은 짧은 시간 내 선진국 수준에 이르기도 하고 곧 이르게 되는 단군이래 역사적으로 가장 큰 성공을 거두었다. 그러나 대한민국이 당면한 과학기술의 도전, 즉 국가의 안전, 민족통일, 절대적으로 부족한 생명자원의 확보, 인구변화와 사회구조 불안 등은 지금까지의 성공 모두 합친 것 보다 더 많은 도전과 과제를 던져주고 있다. 이 도전과 과제를 푸는 열쇠를 젊은이들에게 주고 있는 것이 이 책이다.

과학을 통하여 세대를 잇고 마음을 잇고 나라를 잇는 과우회의 아름다운 봉사가 필경 이 나라의 큰 햇불이 될 것을 믿어 의심치 않는다. 이 책은 그 햇불의 첫 점화이다. 젊은이들에게 과학을 사회를 나라를 인류를 그리고 사람을 배우게 하는 마음의 책이다. 널리 읽히기를 권장한다.

대한민국역사박물관 건립위원회 위원장

전. 과학기술처 장관 金鎭炫

머리말

한국전쟁의 상처로 가난과 고통에 허덕이던 1960년대 중반 과학기술분야에서는 불모지나 다름없던 우리나라에 역사적인 한국과학기술연구원KIST이 1966년 서울에 설립되었다. KIST가 설립되면서 정부의 끈기 있는 노력에 힘입어 과학 기술인을 우대하는 풍토가 조성 되었으며 청소년들에게 KIST는 선망의 대상이 되었다. 대학에서 이공계열은 최고의 인기학과가 되었고 이것은 바로 80년대와 90년대에 한강의 기적을 이룩하는 원동력이 되었다. 하지만 2000년대로 접어들면서 청소년들의 이공계 기피현상이 심각한 문제로 떠올랐고 공과대학 신입생 중 미적분은 물론 2차방정식도 풀지 못하는 학생이 있다는 얘기까지 들린다. 앞으로 10년, 20년 후 우리의 모습을 생각하면 나라의 장래를 걱정하지 않을 수 없다. 미래사회의 국가경쟁력은 과학적 사고를 통해 길러진 창의적이고 개방적인 인재를 얼마나 보유하느냐에 따라 결정될 것으로 보이기 때문이다.

항상 우리에게는 가깝고도 먼 나라 일본, 그 일본은 금년에 받은 노벨과학상 두 개를 합쳐 총 15개의 노벨과학상을 수상했다. 우리는 일본과의 운동경기에서 축구는 물론 최근에는 수영·야구·피겨스케이팅 등에서 일본을 압도하고 있으며 다른 나라는 몰라도 일본에만은 질 수 없다는 국민정서를 갖고 있다. 그런데 왜 노벨상에서는 15대 0의 스코어인데도 그 어느 누구도 원인과 결과의 분석조차 하지 않는다. 그것은 왜일까?

노벨상은 운동경기 이상으로 기초과학과 원천기술을 다지는 노력과 꾸준한 투자가 이루어질 때 비로소 가능성이 보이는 것이다.

기초과학에 대한 올바른 이해와 여기에 국가적인 차원에서의 꾸준한 지원과 올바른 인재양성 그리고 과감한 투자가 수반될 때 반드시 우리에게도 노벨과학상 수상의 희망이 분명히 있다고 확신한다.

과우회에서는 2007년 봉사활동을 시작한 이래 과학관 봉사, 과학문화행사, 과학상식 보급, 녹색생활과학보급 등의 봉사를 하고 있으며 특히 청소년들을 위한 과학이야기 특강에 역점을 두고 있다. 자라나는 청소년들에게 과학에 대한 이해와 흥미를 북돋아줄 수 있는 기회를 마련해 주기 위함이다. 지난 4년간 과학이야기특강은 총 130회에 368명의 회원이 동참하였고 특강을 받은 학생은 1만 6000여명을 헤아리고 있으며 매년 증가 추세에 있다.

영국의 속담에 '노인이 갖고 있는 지식은 도서관의 책보다 많다.'는 말이 있다. 그리고 아프리카에서는 '노인 한사람이 죽으면 도서관 하나가 없어졌다.'고 슬퍼한다고 한다. 노인이 일생 동안 쌓아올린 풍부한 지식과 지혜가 그만큼 크다는 것을 말하는 것이다. 과우회 회원들이 평생 동안 축적한 과학기술에 관련된 지식과 경험은 이에 못지않을 것이다. 이것을 자라나는 청소년들에게 전해주려는 봉사활동이야 말로 우리들 과우회원이 기꺼이 수행하여야할 몫이라고 생각한다.

이 책은 그 동안 원로급 과우회원들이 주로 중·고등학교에서 강의한 내용을 담은 것으로 우선 일차로 스물두분의 강의를 수록하였다. 실제 강의는 교육효과를 고려 모두 ppt를 활용하였기 때문에 그림과 사진이 대부분으로 이것을 다시 알기 쉽도록 풀어쓴 것이다. 직접 과학기술이야기특강을 받지 못한 학생들도 이 책을 통해 과학기술에 대한 이해와 흥미를 갖게 되어 장차 과학꿈나무로 자랄 수 있는 동기가 되었으면 하는 마음 간절하다.

끝으로 그 동안 과학이야기특강에 기꺼이 참여해 주시고 특히 이 책을 펴낼 수 있도록 강의내용을 다시 풀어써주신 과우봉사단 회원 여러분의 동참에 깊이 감사드린다. 그리고 책을 엮어내는데 여러모로 힘써주신 자유로운 상상 출판사의 배려에 고마움을 표하고 싶다.

4월 과학의 달에 과학기술회관에서

과우회장 **박승덕**

CHAPTER 01

자연과 인간

박승덕

캐나다 오타와대학교 기계공학 박사 / 육군사관학교 교수 / 한국기계연구소장
과학기술처 연구조정실장 / 한국표준과학연구원장 / 현) 사단법인 과우회 회장
현) 한국과학기술한림원 원로회원

자연과 인간

오늘을 사는 우리 현대인은 매우 바쁘고 복잡한 일과에 시달리고 있다. 새벽부터 저녁 늦게까지 한시도 쉴 틈 없이 기계적으로 주어진 일에 매달리기 일쑤다. 직장인은 물론이고, 특히 어린 학생들도 매우 빠듯한 시간에 쪼들리고 있다. 넘쳐나는 학교숙제, 시간을 쪼개서 해야 하는 과외공부 등 새벽부터 밤늦게까지 쉴 틈이 거의 없다.

그러니 대자연의 아름다움과 신비스러움을 접할 여유가 없는 분주한 일과의 연속이다. 자연은 자세히 들여다보면 들여다볼수록 거기에 아름다움과 거역할 수 없는 질서와 규칙이 숨어 있음을 발견하게 된다. 해가 뜨고 지는 일, 계절마다 어김없이 찾아오는 봄여름가을겨울의 변화, 아름다운 꽃이 피고 지는 모습, 이름 모를 무수한 동물이 번식하는 일 등 모두가 한

치의 어긋남도 없이 이어지는 현상 속에서 자연의 도도함에 감탄하게 된다. 우리 인간이 도저히 접근할 수 없는 위대함이 자연 속에 존재하고 있음을 깨닫게 된다. 인간이 자연을 정복하는 것이 아니라 자연의 일부로서 그 안에서 살고 있는 하나의 생명체에 지나지 않음을 발견하게 되는 것이다.

자연은 인간의 스승

자연은 우리 인간의 스승이며, 그 속에서 배워야 할 일이 한두 가지가 아니다. 연못에서 자라며 아름다운 자태를 자랑하는 연꽃잎은 세수를 하지 않아도 항상 눈부시게 깨끗함을 유지한다. 그 원인을 자세히 살펴보면 연꽃잎 표면이 무수히 많은 솜털과 아주 작은 바늘로 덮여 있음을 발견할 수 있다. 그래서 먼지가 묻어도 바로 바람에 날아가고, 아침이슬과 빗물로 먼지가 씻겨내려 늘 깨끗함을 유지하게 되는 것이다. 독일에서는 이 원리를 이용해 먼지가 끼지 않는 페인트를 개발했다고 한다.

거미가 뿜어내는 거미줄은 같은 굵기의 강철보다 질기며 인간이 만든 고무섬유보다 유연성이 뛰어나다. 그리고 바닷가에서 흔히 보는 홍합은 거친 파도에서 자신을 보호하기 위해 강력한 접착제를 만들어 바위에 자신을 고정시킴으로써 거센 파도에도 요지부동의 힘을 발휘한다. 그런가 하면 전복 껍데기는 인간이 만든 도자기보다 튼튼하고 아름다운 세라믹을 만들어낸다.

한편, 한여름에 시원스러운 울음소리로 더위를 식혀주는 매미는 해마다 나타나는 것이 아니라 천적을 피하기 위해 소수素數 해에만 무리로 나타난다는 것이 밝혀졌다. 매미는 목이 터져라 울어대서 짝을 찾은 뒤 짝짓기를 끝내면 수컷은 죽고 암놈은 알을 낳은 뒤에 죽는다. 알은 유충이 되어 땅속으로 숨어 들어가 나무뿌리에서 수액을 빨아먹으며 몇 년을 기다리다가 소수 해, 즉 5년, 7년, 13년, 17년이 되는 해에 나타나게 된다. 이것은 새, 다람쥐, 거북, 거미, 고양이, 개, 물고기 등과 같은 천적을 피하기 위해서라고 한다. 이런 천적이 태어나는 주기와 최대한 겹치지 않으려고 소수 해를 골라 태어난다는 것이다.

과학이란?

과학은 인간을 포함한 자연과 전 우주를 대상으로 신비스러운 자연을 이해하고 탐구하는 학문이다. 과학의 첫걸음은 자연을 세밀하고 자세히 관찰하는 데서 출발한다. 자연을 탐구하면 탐구할수록 아무도 범할 수 없는 변치 않는 법칙이 숨어 있음을 발견하게 된다. 이러한 자연법칙은 매우 정밀하며 예외 없이 성립한다. 이 변치 않는, 즉 불변의 법칙을 발견해내는 것이 과학인 것이다.

　이를테면 볼펜을 쥐고 있다가 놓으면 땅으로 떨어진다. 이런 현상은 백년 전, 아니 천 년 전이나 지금이나 같고 앞으로도 영원히 볼펜은 땅을 향해 떨어질 것이다. 이것이 바로 자연 속에 숨어 있는 법칙이다. 주변의 많은 건물들이 넘어지지 않고 그대로 서 있는 것은 여기에 적용된 역학의 자연법칙이 변치 않고 있음을 입증한다. 무수히 많은 식물과 동물이 태어나고 죽는 것 또한 자연의 법칙이며, 이는 누구도 거역할 수 없다. 다시 말해 이 세상에 태어난 것은 언젠가는 사멸할 수밖에 없는 운명이라는 것 또한 자연의 이치인 것이다.

이처럼 자연을 자세히 들여다볼수록 그 속에 매우 정밀하고 예외 없이 성립되는 불변의 법칙이 숨어 있음을 발견하게 된다. 이러한 불변의 법칙이 존재한다는 것을 믿으며 이를 추구하고 연구하는 사람이 바로 과학자인 것이다.

갈릴레이 갈릴레오의 지동설

옛날 사람들은 해가 뜨고 달이 지는 모습을 보면서 그들이 사는 지구를 우주의 중심으로 생각하게 되었으며 태양과 달, 별들이 모두 지구를 중심으로 돌고 있다고 믿었다. 그리고 이러한 지구 중심의 우주관, 즉 천동설天動說은 교회의 지지를 받았다. 그런데 이탈리아의 천문학자 갈릴레오1564~1642는 폴란드의 천문학자 코페르니쿠스가 주장한 지동설, 즉 지구가 태양을 중심으로 돌고 있다는 이론을 지지해 당시 사람들을 놀라게 했다.

갈릴레오는 천체를 관측할 망원경을 제작해 별들의 움직임을 면밀히 측정했다. 그는 천체 관측을 통해 지구를 중심으로 태양이 도는 것이 아니라 태양을 중심으로 지구가 돌고 있다는 결론에 도달했다. 즉, 태양계의 중심은 지구가 아니라 태양이며, 지구는 자전과 공전을 하며 태양 주위를 돌고 있다는 지동설地動說을 주장함으로써 갈릴레오는 천동설을 굳게 믿고 있던 기독교 사회에 큰 파문을 일으켰다.

지구가 우주의 중심이고, 태양을 비롯한 모든 별들은 지구를 중심으로 돌고 있다는 천동설을 굳게 믿었던 가톨릭교회는 지동설을 도저히 받아들일 수 없었으며, 그것이 신을 모독하는 행위라고 생각했다. 그리하여 가톨릭 교도였던 갈릴레오는 교황청과 대립하게 되었고, 종교재판에 회부되어 지동설을 포기하라는 명령을 받았다. 갈릴레오를 심문하는 종교재판이 무려 17년에 걸쳐 열렸다고 하니 가히 세기의 재판이라 할 만했다. 그러나 갈릴레오는 지동설을 포기할 것을 끝까지 거부해 이단으로 파문당했다. 그가 재판을 받고 나오면서 "지구는 지금도 돌고 있다"고 중얼거렸다는 일화는 유명하다.

천동설에 대한 기독교의 고집은 서양 천문학의 발전을 수백 년이나 후퇴시키는 결과를 초래했다. 그러나 1992년 10월 31일 가톨릭교회가 결국 잘못을 인정하면서 교황 요한 바오로 2세는 갈릴레오를 복권시키기에 이르렀다. 지동설의 분쟁이 해결되는 데 무려 350여 년의 세월이 흐른 것이다.

현대과학을 빛낸 과학자

아이작 뉴턴1642~1727은 17세기 영국인으로 물리학자이자 천문학자이며, 미분과 적분을 창시한 수학자이자 이론과학의 기초를 다진 천재 과학자였다. 그가 찾아낸 만유인력의 법칙은 인류가 밝혀낸 최초의 보편적 만고불변의 자연법칙이다. 뉴턴의 만유인력의 법칙과 운동의 법칙은 맥스웰의 전자기이론과 더불어 고전역학의 근간을 이룬 위대한 업적으로 꼽힌다.

당시의 과학자들은 물질의 운동을 다룬 뉴턴의 운동법칙고전역학이 맥스웰이 완성시킨 전자기학과 더불어 모든 자연현상을 이해하게 한다고 믿었다. 그러나 20세기에 들어서면서 아주 빠르게 움직이는 대상에 대해서는 고전역학의 개념이 타당성을 잃고 상대성이론으로 수정되어야 된다는 사실이 발견되었다. 즉, 상대성이론이 등장한 것이다.

아인슈타인1879~1955은 상대성이론을 통해 빛의 빠르기는 30만km/s로 일정하며 길이, 질량, 시간은 상대적이고 질량과 에너지는 동등하다는 획기적인 논문을 발표했다. 아주 빠른 속도로 달리는 우주선 속에서는 물체의 길이는 줄고 몸무게는 늘며 시간은 느리게 되어 젊어진다는 것이다. 현대인들은 다이어트를 위해 달리기를 하는데, 아인슈타인의 상대성이론으로 보면 계속 빨리 달리게 되면 몸무게가 오히려 늘게 되므로 모순이 생긴다. 그런데 이것은 달리기의 속도가 아주 빠를 때만 적용되는 이론이다. 오늘날 현대과학은 뉴턴의 고전역학과 더불어 아인슈타인의 상대성이론과 양자역학으로 보완되며 획기적인 발전을 거듭하고 있다.

아인슈타인은 다섯 살 때 아파서 누워 있을 때 아버지가 장난감으로 사다준 나침반의 바늘이 움직이는 것을 보고 자연에는 어떤 힘이 존재한다는 것을 깨달았다고 한다. 그리고 어려서부터 권위와 형식적인 규율을 싫어했던 그는 10대 시절 프러시아 선생에게서 "네가 커서 뭐가 되겠니?", "네 질문이 수업을 망친다", "너는 학교를 나가는 편이 나을 것 같다"는 등의 폭언을 듣고 낙담한 학생이기도 했다. 만일 아인슈타인이 한국에 태어났다면 수능성적 미달로 대학에도 갈 수 없었을 것이다.

1890년, 아인슈타인은 결국 고등학교를 중퇴하고 나중에 검정고시를 거쳐 겨우 대학에 입학했다. 하지만 대학을 졸업한 뒤에도 조교직에서 밀려나 스위스 특허국의 기사로 일했다고 한다.

뉴턴, 맥스웰, 볼츠만, 아인슈타인, 슈뢰딩거 등과 같이 현대과학을 빛내고 인류의 삶의 질을 높이는 데 크게 기여한 위대한 과학자들의 빛나는 업적에 대해 우리는 늘 존경하는 마음을 가져야 하며, 그들을 본받도록 힘써야 한다.

왜 과학기술인가

역사를 돌이켜보면 어느 시대나 과학기술을 주도한 나라가 그 시대를 주도했음을 알 수 있다.

영국은 1765년 증기기관의 발명으로 산업혁명의 주인공이 되었다. 산업혁명 이전에는 동력수단이 오로지 말이었고, 런던 시내 거리에서는 마차를 끄는 말의 똥을 치우는 일이 골칫거리였다고 한다. 그런데 증기기관의 발명으로 섬유공업이 발달한 것은 물론 당시의 주요 운반수단인 선박의 동력으로 증기기관이 사용됨으로써 영국은 산업의 중심지로서 강국이 되었다. 영국은 이후 세계 여러 나라에 식민지를 보유하고 해가 지지 않는 부강한 나라가 되었다.

그런가 하면 독일은 화학공업과 기계기술의 발달로 유럽의 강국이 되었으며, 독일의 명차 벤츠는 기계공업의 꽃으로 등장했다. 또한 미국은 첨단과학기술을 발전시켜 20세기 유일의 세계 초강국이 되었다.

이처럼 과학기술은 한 나라의 경쟁력을 높여 국력의 기초가 된다는 점을 명심하고 과학기술에 대한 관심과 이해에 힘을 쏟아야 한다.

과학자가 되는 길

자연에는 앞에서 말한 대로 신비와 경외의 대상이 아닌 것이 하나도 없다. 과학은 이 신비로운 자연현상의 이치를 추구하는 학문으로 현대인에게는 과학의 이해가 필수적이다. 따라서 과학은 자연에 대한 탐구정신과 정확한 사물의 관측에서 시작되는 것이다.

과학자 되기 위해서는 첫째, 유년시절 학교에 다닐 때부터 수학과 과학에 도전하며 흥미를 갖고 배우려는 노력을 기울여야 한다. 둘째, 아름다운 자연과 예술을 자주 접하고 좋은 책을 많이 읽어 지식을 넓히며 뇌를 즐겁게 함으로써 상상력을 키워야 한다. 셋째, 스스로 생각하는 힘과 미지의 세계를 열어가는 창의력과 사고력을 꾸준히 길러야 한다.

한편, 과학자는 세운 목표는 반드시 달성하고야 말겠다는 야심을 지녀야 한다. 야심은 성공의 출발점이기도 하다. 아울러 과거에 이룩된 많은 과학 관련 지식을 자기 것으로 만드는 노력을 기울여야 한다. 또한 과학자에게는 언제나 할 수 있다는 낙관적인 마음가짐이 필요하다. 긍정적인 사고를 해야 중도에 포기하지 않고, 쉽다고 생각해야 뇌가 열리고 문제가 풀리기 때문이다.

모든 과학문제는 실험이나 관찰로 입증해야 하며, 상대에게 자신의 생각을 쉽게 전달하고 설득할 수 있는 논리적 사고능력도 길러야 한다. 동시에 과학자는 미지의 세계에 도전하기 위해 조화롭고 아름다운 미적 감각을 겸비해야 한다. 과학자의 뇌는 생각하고 감동하려고 하는 특징을 지니기 때문이다.

우리에게는 희망이 있다

우리는 지금 하루가 다르게 급격히 변화하는 시대에 살고 있다. 잠시만 한눈을 팔아도 눈 깜짝할 사이에 낙오자가 되기 십상이다. 이런 때일수록 기초과학의 중요성을 강조할 필요가 있으며, 기초과학에 대한 관심과 투자도 늘려야 한다. 또한 21세기에 들어 자원고갈과 환경오염으로 지구가 파괴되어감에 따라 인류에게 돌이킬 수 없는 재앙이 닥칠지 모른다는 우려를 낳고 있다. 이제는 고갈되어가는 석유에 의존하지 말고 석유를 탈피한 새로운 에너지 기술을 열어나가야 한다. 녹색기술로 환경을 보호하고 녹색기술의 혁명대열에 앞장서야 하는 것이다.

우리에게는 희망이 있다. 우리나라는 제2차 세계대전 후 새롭게 독립한 140여 개의 비서방 제3세계 국가 가운데 유일하게 민주화·과학화·산업화에 성공한 나라다. 원조를 받는 나라에서 원조를 하는 나라로 탈바꿈하는 기적을 이룬 것이다.

우리나라는 세계에서 가장 큰 화물선과 첨단기술이 복합된 LNG선, 석유시추선을 건조하는 나라이다. 또한 가장 얇고 선명한 TV를 만드는 나라, 세계에서 가장 높은 빌딩을 건축한 나라이기도 하다. 우리나라 업체가 중동에 건설한 버즈두바이빌딩은 높이가 818m로, 이는 남산 높이의 약 3배이고 63빌딩의 3배에 70m를 더해야 하는 높이다. 얼마 전에는 세계 최고의 기술선진국인 미국, 프랑스, 일본을 물리치고 우리나라가 UAE 원전 4기 수주에 성공해 세계를 놀라게 하기도 했다. 이처럼 우리의 과학기술은 세계로 뻗어나가고 있으며, 그 뒤를 떠받칠 청소년들의 긍지와 집념이 필요할 때다.

어떤 사람이 되어야 하는가

청소년들이 교육을 받는 목적은 다음과 같다.

첫째, 훌륭한 사람이 되는 것이다. 여기서 훌륭한 사람이란 한 인격체로서 필요한 최소한의 지식을 갖추고 인간이 겸비해야 할 덕德을 쌓는 한편 체력을 연마해 지·덕·체를 겸비한 건강한 사람이 되는 것이다.

둘째, 훌륭한 한국인이 되는 것이다. 즉, 우리나라의 역사와 전통을 이해하고 한국인이라는 사실을 자각해 긍지를 지닌 사람이 되는 것이다.

셋째, 훌륭한 국제인이 되는 것이다. 우리는 지금 열린 세계화의 시대에 살고 있다. 우리나라가 국제사회에서 존경받는 나라가 되려면 상대 나라의 전통과 문화를 이해함으로써 상호교류에서 조금도 어색함이 없는 환경을 조성해나가야 하기 때문이다.

넷째, 훌륭한 전문인이 되는 것이다. 오늘날처럼 복잡하고 다양한 사회에서 살아남으려면 적어도 한 분야에서는 다른 사람에게 뒤지지 않는 전문가가 되어야 한다. 한 사람이 모든 것을 잘할 수는 없지만, 자신의 능력과 특성을 최대한 살려나간다면 적어도 한 분야에서는 뛰어난 재능을 발휘할 수 있을 것이다. 이를 위해 꾸준히 노력해서 훌륭한 전문인이 되어야 한다.

마지막으로 능력과 소질이 뛰어난 학생들 가운데서 과학기술 전문가가 많이 배출되어야 한다는 점을 특히 강조하고 싶다.

CHAPTER 02

창의성, 그 막강한 힘

김우식

연세대학교 총장 / 부총리 겸 과학기술부 장관 / 대통령 비서실장

KAIST 초빙특훈교수 / 한국미래발전연구원 이사장

현) 과학문화융합포럼 이사장 / 현) YTN 사이언스TV 시청자위원회 위원장

창의성의 의의

일찍이 애덤 스미스Adam Smith는 저서『국부론』에서 "한 국가의 진정한 부富는 그 나라 국민들의 창의력에 달려 있다"고 했다. 인류생존을 위한 가장 강력한 무기는 창의성이다. 인류의 삶을 바꿔놓은 IT계 거장들의 빛나는 업적 역시 모두 창의성의 번득임Flash을 무기로 인류에게 엄청난 편리함을 선사했다. 빌 게이츠 · 알렌마이크로소프트의 소프트웨어, 브린 · 페이지구글의 검색엔진, 스티브 잡스애플의 아이폰, 거스너IBM의 전략과 문화가 그러했다. 이들은 대부분 대학교육도 마치지 못했지만 세계를 뒤흔든 이들의 성공 동력은 바로 창의성이었다.

이러한 흐름에 발맞추어 국내에서도 창의성을 강조하는 움직임이 활발하다. 우리나라의 대표적 글로벌그룹인 삼성그룹은 2010년 창립 40주년을 맞아 비전으로 '크리에이션과 인스피레이션Creation & Inspiration'을 선포했으며, 중앙일보에서는 "더 크고, 더 새롭고, 더 신나는 대한민국으로 나아가기 위해서는 우리만의 창의성이 필요하다"는 것을 강조했다.

고 이병철 삼성회장은 보스톤대학교 명예박사학위 수락연설 중에 "저는 개인이 조직에 종속되는 집단주의적 문화가 지배하는 기업이 아니라 개인의 창의성이 조직의 성공과 공존하는 인간미 있는 조직을 만들고자 노력했습니다"라고 말한 바 있다. 이처럼 그는 이미 시대를 앞서 21세기 기업의 비전을 제시하는 리더의 통찰력을 보여주었다.

GS칼텍스와 SK에너지, 현대오일뱅크 3대 정유회사의 회장들 역시 창의와 창조를 강조하며 변화를 주문했다. 이러한 기업들뿐만 아니라 유럽연합EU이나 학계에서도 창의성에 대한 노력과 연구가 뜨겁게 진행되고 있다. 유럽연합은 2008년 12월 '유럽의 창의성 혁신의 해'를 선포한 바 있다. 또한 미국의 통계에 따르면 장수기업의 비결은 각 회사의 독자적 전통과 문화, 그리고 도전정신을 바탕으로 한 창의성이었다. 2010년 다보스 포럼의 주제도 창의성을 바탕으로 한 '다시 생각하고 다시 디자인하고 다시 건설하자Rethink, Redesign, Rebuild'로 선정되었다. 'Re-'는 곧 새롭게 해나가자는 의미로 창의성을 포함한다. 2010년 양회兩會 석상에서 발표한 중국의 슬로건은 중국창조와 자주창신自主創新이었다.

이와 같이 창의성은 세계 곳곳에서 최고의 화두로 떠올랐다.

창의성의 정의

그렇다면 전 세계가 소리 높여 외치는 창의성이란 무엇일까?

창의성에 대한 수많은 정의 가운데 몇 가지를 들어본다.

창의성이란 독창적인 상상력 생각이다. 또한 뛰어난 차별성이다. 이것을 바탕으로 창의력을 동원시켜 응용에 성공하는 것이 창의성 연구의 궁극적 목적이다.

창의성이란 새롭고 유용한 것을 독창적으로 만들어내는 능력이다. 이를 위해 가장 중요한 것은 관심과 집중이다. 이것이 뒷받침되어야만 한다.

창의성이란 지금보다 훨씬 낫게 하기 위한 독창적이고 새로운 해결책을 만들어내는 것이다. 일본 리켄연구소의 노요리 회장은 "리켄의 운영철학인 오직 하나 Only One는 타의 추종을 불허하는 독창력이다"라고 말했다.

창의성이란 평범 속에서 비범을 찾아내는 능력 또는 평범을 비범으로 바꾸는 능력이다.

법정스님은 창의력이란 새로운 생각을 해내는 힘이며, 이것은 본래부터 있는 것이 아니라 진지하게 탐구하고 추구하는 노력을 통해 그 바탕이 이루어지는 것이라고 말했다.

창의성의 영향인자

이러한 창의성과 함수관계에 있는 것에는 무엇이 있을까?

첫째, 창의성은 호기심과 상상력, 그리고 발상의 전환에서 비롯된다. 다시 말해, 씨앗 하나를 들고 눈을 감으면 거기에서 나뭇가지에 앉은 새소리를 들을 수 있어야 하며, 무릉도원의 산수화 앞에서는 복숭아냄새를 맡으며 계곡의 물소리를 들을 수 있어야 한다.

로버트 서튼 Robert Sutton은 늘 해오던 것을 전혀 새로운 관점에서 보는 '역발상의 법칙'을 제안했다. 실례로 1850년대 샌프란시스코에서 천막장사를 하던 리바이 스트라우스Levi Strauss는 발상의 전환으로 리바이스 청바지를 탄생시켰고, 조선시대의 천재시인 임제는 봄날에 화전을 먹으면 향기가 입 안에 가득하고 화창한 봄빛이 배 속까지 환히 비추는 것을 느낀다고 했다.

둘째, 창의성은 다양성과 개방성을 바탕으로 한다. 창의성은 다양성 속에서 꽃이 피고 개방성 속에서 열매를 맺는다.

셋째, 창의성은 도전, 집념, 끈기를 동반해야 한다. 불광불급不狂不及이란 말에서도 알 수 있듯이 미치지 않으면 이르지 못한다.

정원사 출신의 미켈란젤로는 스스로 일을 찾아 화분에 조각을 했는데, 여기에서 재능이 드러나 세계적인 화가가 되었다고 한다. 그는 〈천지창조〉를 완성하는 데 5년이 걸렸으며, 〈최후의 심판〉은 2천 번의 스케치를 거쳐 9년이 흘러서야 완성했다. 역사에 남을 명작 뒤에는 미켈란젤로의 끈기가 있었던 것이다. 그는 쉬면서 하라는 주변의 만류에 "죽으면 영원히 쉴 텐데 살아 있는 동안에는 쉴 수 없다"며 작품에 몰두했다고 한다. 그런가 하면 레오나르도 다빈치도 〈최후의 만찬〉을 완성하는 데 10년을 바쳤다고 한다. 위대한 작품을 위해서는 아무리 천재라 해도 집념과 인내와 끈기가 필수요소인 것이다.

넷째, 길포드Guilford에 따르면 창의성은 수렴적 사고능력보다 확산적 사고능력에 좌우된다. 얼음이 녹으면 무엇이 되는가 하는 질문에 '물'이라고 대답하기보다는 '봄'이라고 대답할 수 있는 확산적 사고가 필요한 것이다. 창의력이 지능과 반드시 비례하는 것은 아니다.

다섯째, 창의성은 지식과 경험의 축적으로 이루어진다. 잘 준비된 지식을 바탕으로 한 많은 경험과의 만남이 창의성을 발현시키는 원동력이 된다. 온고지신溫故知新, 법고창신法古創新이란 말에서도 알 수 있듯이 새로운 아이디어는 축적된 옛 아이디어로부터 나온다.

여섯째, 창의성은 신비로운 뇌로부터 발휘된다. 그러므로 뇌 상태를 건강하게 유지하는 것이 필수다.

그 밖에도 피카소의 명작 〈게르니카〉가 스페인의 프랑코 정부에 대한 반항에서 탄생했듯이 반항심과 환상, 상상, 감수성, 내재적 동기, 성취욕, 충동성, 무질서성, 집중과 이완의 리듬, 인간성, 개방성, 가치관, 문화풍토 등은 창의성의 발현에 중요한 요인으로 작용한다.

세계적인 교육학자 스텐버그Sternberg에 따르면 지적 능력, 지식, 사고 스타일, 개인적 특성도 창의력에 영향을 미치는 중요한 요인이다. 하버드대학의 아마바일Amabile 교수는 창의성의 3요소로 지식과 경험, 창의적 사고력문제해결·사고능력, 내적 동기성취감, 일에 대한 기쁨를 꼽았다.

창의성과 과학기술

창의성은 과학기술의 발전에 어떤 영향을 미치는가?

과학기술은 사물의 원리를 규명하고 그것을 응용해 새로운 것들을 창출해낸다. 즉, 경험과 지식, 연구, 실천, 집념, 도전 등을 바탕으로 한 창의성을 기초과학의 원리와 결합해 탄생시키면 뛰어난 과학기술로 거듭나게 되는 것이다.

과학기술경쟁력은 곧 국가경쟁력으로 확대된다. 다시 말해, 국가경쟁력NP : National Power은 자원R : Resources과 산업시스템S : Industrial System, 인력M : Manpower의 창의성C : Creativity을 요소로 해서 NP=R+S+M×C라는 공식이 완성된다.

지난 2007년 우리나라 34개 국가연구기관이 각자 가장 창의적이고 뛰어난 기술을 정해 발표한 바 있다. 이때 카이스트의 '브레인 K', 한국생명공학연구원의 '스마트 바이오칩', 한국지질자원연구원의 '가스 하이드레이트', 광주과학기술원의 '포토닉스 2020', 한국에너지기술연구원의 '시 윈드 Sea Wind', 한국생산기술연구원의 '인조인간 로봇 에버', 한국철도기술연구원의 '한국형 틸팅열차', 한국건설기술연구원의 '수퍼브리지 200' 등 69개 과제들로 톱브랜드 프로젝트를 추진했다. 이 프로젝트는 창의성을 과학기술과 결합시켜 국가경쟁력을 높이는 데 크게 기여할 것으로 기대된다.

창의성의 발현

창의성의 발현방법에 대한 연구는 그동안 꾸준히 진행되어왔다. 교육학자 정범모 교수는 "창의성은 무의식1차 정신과정과 의식2차 정신과정의 융합과 디오니소스적 충동방탕하고 생동적과 아폴로적 이성이성적·합리적의 융합, 그리고 쾌락원칙과 현실원칙의 융합을 바탕으로 해서 발현된다"고 했다.

또한 월러스Graham Wallas는 문제해결의 창의적 사고모형 4단계를 다음과 같이 제시했다.

첫 번째는 준비단계Preparation다. 해결해야 할 문제를 창의적으로 해결하기 위해 그 문제를 육하원칙Who, What, Why, Where, When, How에 따라 분석하고 몰입, 집중하는 단계다.

두 번째의 부화단계Incubation에서는 1단계에서 실행한 몰입과 집중을 바탕으로 마음속으로 문제를 품는 시간이 필요하다. 이 단계에서는 이완과

망중으로 나를 비우면 무의식적으로 아이디어가 떠오르고 문제의 해결책을 찾게 된다. 법정스님의 진공묘유眞空妙有 : 참으로 나를 비우면 오묘한 무엇이 생긴다와 상통한다고 할 수 있다.

세 번째, 조명단계Illumination는 두 번째 단계에서 내적으로 부화된 아이디어가 어느 순간 번쩍 떠오르는 단계다. 아르키메데스의 '유레카', 뉴턴의 '만유인력'도 이런 조명단계에서 탄생했다. 화학자 케쿨레Kekule는 "뱀 하나가 자기 꼬리를 물고 있는 영상을 꿈에서 보았는데, 눈앞에서 빙빙 돌고 있었다. 그때 번개 같은 섬광이 나를 깨웠다"고 했다. 그렇게 난롯가에서 조는 동안 '벤젠 고리'의 힌트를 얻었다고 한다.

네 번째는 검증단계Verification다. 조명단계에서 갑작스럽게 떠오른 아이디어는 가치가 인정되지 않은 상태이므로 그 아이디어에 대한 실제적 타당성의 검증이 필요하다.

콜럼비아 대학교의 윌리엄 더건William Duggan은 저서 『제7의 감각』에서 문제해결을 위한 통찰력을 '전략적 직관'이라 표현했다. 전략적 직관이란 오랜 시간 고민하던 문제를 한순간에 해결해주는 섬광 같은 통찰력Flash of Insight을 뜻한다.

그런데 창의성 제고의 기본은 기본지식의 축적을 발판으로 관심과 집중을 끈기 있게 기울였을 때 발상의 전환이 이루어지고, 그 뒤 모험적 적용을 통해 창출된 아이디어의 확인 과정을 거쳐야 한다는 것이다. 아울러 넓고 큰 새로운 시각과 도전적 자세도 갖추어야 한다.

크리에이티브Creative라는 말에는 Fresh, Useful, Productive, Spiritual, Adventurous, Curious의 의미가 포함된다.

영화 〈해운대〉의 윤제균 감독은 "깜짝 놀라게 하는 능력이 창의성이다.

그 아이디어의 원천은 재미에 있다"고 했으며, 스티브 잡스는 "창의성은 사물을 연결하는 것에서 나온다Creativity is connecting things."고 말해 여러 가지를 연결하는 능력이 창의성의 원동력임을 강조했다. 창조주가 탄생시킨 수많은 창조물들, 즉 우주, 지구, 자연동식물, 인간과 그 운행 및 관계에 대한 관심과 집중 그리고 끈기를 연결하면 무한한 창의성을 추출할 수 있다고 생각한다.

창의성의 최선의 발현은 머리로부터의 창의성지식과 가슴으로부터의 창의성인성이 결합되었을 때 가능하다. 머리로만 하는 것은 잔꾀에 빠지기 쉽기 때문이다. 미국의 천재작곡가 어빙 벌린Irving Berlin도 학교교육을 2년밖에 받지 못하고 음악공부도 제대로 하지 않았지만, 가슴에서 나오는 진심을 음률로 표현할 때 비서가 이를 오선지에 기록해 미국 국가와 명곡 〈화이트 크리스마스〉를 탄생시켰던 것이다.

신비의 뇌

창의성의 샘인 우리의 뇌는 다양한 기관으로 나뉘어 각각 독립된 기능을 수행한다. 무게는 1.5kg에 달하고, 1조 1천억 개 이상의 세포와 1천억 개 이상의 뉴런으로 이루어져 있다. 각 뉴런을 연결하는 5천 개의 시냅스는 정보전달기능을 수행한다. 이시영 박사에 따르면 천재와 수재는 선천적이지만, 복합능력의 창의적 인재인 '창재'는 후천적으로 탄생된다고 한다. 창의성을 높이려면 즐거운 상상 또는 튀는 상상으로 알파파와 엔돌핀을 분출해 세로토닌의 분비를 증가시켜야 한다고 설명한다.

우리의 뇌는 우뇌와 좌뇌로 나뉘는데, 우뇌는 시각 공간적 · 직관적 · 통합적 · 이상적 · 충동적이며, 좌뇌는 난어적 · 분석적 · 순차적 · 계획적 · 이성적 · 구체적인 특징을 지닌다. 즉, 우뇌는 숲을 보지만 좌뇌는 나무를 본다.

그렇기 때문에 우뇌는 감성적 관리, 예술의 발전가치를 추구하는 EQ를 담당해 지도자 역할을 하고, 좌뇌는 과학기술의 발전, 산업사회의 발전, 전문업종 추구 등의 IQ를 담당하는 관리자 역할을 한다. 1981년 노벨상을 수상한 로저 스페리Roger Sperry는 이러한 좌뇌와 우뇌의 독립적 기능을 발표했으며, 그 후 몇몇 연구가들에 의해 뇌의 독립적 기능들이 복합적으로 작용한다는 '모자이크 모델'이 발표되기도 했다.

런던비즈니스스쿨의 개리 하멜Gary Hamel 교수는 "애플사는 최소한 직원들에게 좌뇌를 활용한 이성적 · 논리적 업무를 강조하기보다는 오른쪽 뇌를 활용한 창의적 · 예술적 감각이 중요하다는 것을 강조하는 분위기다"라고 말했다. 애플사의 성공요인이 우뇌를 활용한 창의성의 발현이었다는 점을 강조한 것이다.

위에서도 살펴본 바와 같이 창의적 사고를 자극하려면 우뇌적 사고의 기능개발이 중요하다.

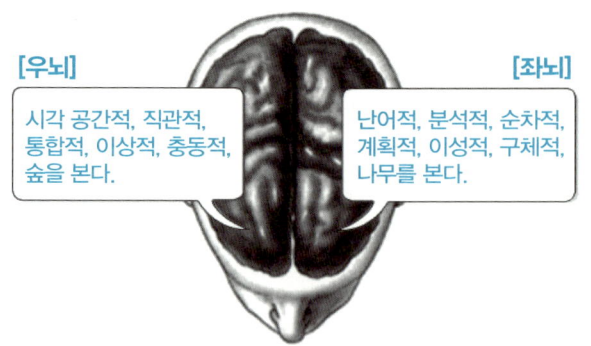

[우뇌] 시각 공간적, 직관적, 통합적, 이상적, 충동적, 숲을 본다.

[좌뇌] 난어적, 분석적, 순차적, 계획적, 이성적, 구체적, 나무를 본다.

우리의 과제

결론적으로 뇌와 가슴에서 우러나오는 창의성의 힘은 인류의 문화·문명 발전의 핵이며, 이 창의성을 어떻게 효과적으로 발현시키고 유용하게 접목·응용시킬 것인가는 우리가 앞으로 더 큰 관심을 가지고 꾸준히 연구하고 해결해야 할 중요한 과제다.

〈참고〉 두뇌 인지모델
같은 사물을 바라보더라도 좌뇌적 인지모델은 연속적이며 융합적인 사고를 하고,
우뇌적 인지모델은 분리적이며 공간적인 사고를 한다.

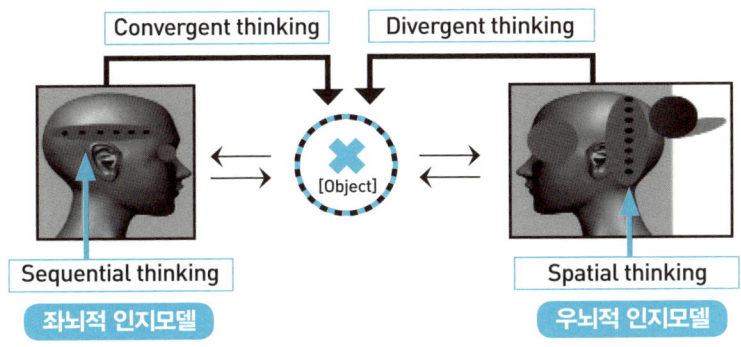

장래 직업으로서의 과학기술

서울대학교 문리과대학 화학과 졸업 / 벨기에 겐트대학교 대학원(이학박사)
울산공과대학교 교수 / 대한민국 과학기술처 장관 / 한국원자력연구소 이사장
국제 방사화 분석 및 핵 화학회 이사 / 현) 한국과학문화연구원 이사

역사적 관점에서 본 한민족 과학기술의 효시

역사적으로 볼 때 우리나라 과학기술의 발전은 조선의 제4대 임금 세종대왕으로부터 비롯된다. 세종대왕은 재위 32년간1418~1450 내정, 외치, 문화, 과학 등에 크게 기여해 우리나라 역대 군주 가운데 가장 찬란한 업적을 남겼다. 특히 겨레의 문화진흥에 기본이 되는 훈민정음의 창제, 방대한 편찬사업, 농업 · 과학기술의 발전, 의술과 음악 및 법제의 정리, 국토의 확장 등 수많은 업적으로 나라의 기틀을 확립했다. 그 눈부신 업적 가운데서도 특히 꼽히는 것은 훈민정음의 창제로 1446년 훈민정음한글을 반포해 우리글을 가지게 함으로써 민족의 주체의식을 강하게 심어주었다.

과학기술 면에서의 업적 가운데 꼽히는 것은 1442년 우량분포 측정기인 측우기를 제작한 일이다. 이것은 1639년 이탈리아의 B. 가스텔리가 발명한 측우기보다 약 200년이나 앞선 것이었다. 세종대왕은 또한 궁중에 흠경각을 설치하고 과학기구를 비치하게 했으며, 혼천의 · 해시계 · 물시계 등의 과학기구가 세종대왕 때 발명되었다.

역사적 연대로 본 과학기술 관련 세종대왕의 주요 업적은 다음과 같다.

▶ 1442년 비의 양을 재는 기구로서 세계 최초의 우량계인 측우기를 발명함. 최초의 공중 해시계 앙부일구보물 845호, 물시계자격루, 옥구 등을 발명함.

▶ 1434년 박연에게 아악을 정리하게 하여 악기를 개조함. 이천 · 김돈 · 장영실로 하여금 구리로 만든 활자인 '갑인자'를 주조하게 해 『용비어천가』, 『고려사』, 『농사직설』, 『삼강행실도』, 『치평요람』, 『석보상절』, 『의방유희』 등 많은 책을 편찬함.

▶ 1446년 9월 3일 훈민정음28자을 반포함.

우리나라의 과학기술 자원

우리 한민족은 자원대국이나 인구대국, 영토대국처럼 천연적으로 받은 것이 별로 없는 대신 쓸수록 좋아지는 두뇌와 성실하게 땀 흘려 값진 것을 만들어내는 특유의 잠재력을 부여받았다. 그리고 그것을 지난 50년간 온 세상에 실증해 보이기도 했다. 우리는 지하자원이 많은 중동 · 아프리카보다는 그것을 도입해 첨단제품으로 설계 · 가공해내는 기술을 보유한 미국, 유럽, 일본 등의 부자나라를 벤치마킹해 경제적 경쟁을 통해 복지국가를 유지해나갈 수 있다.

과학기술의 발전은 한 나라의 경제발전을 견인한다. 과학과 기술의 발전은 상상을 초월할 만큼 수백, 수천 배의 부가가치를 창출할 수 있게 한다. 예를 들면, 제철회사는 톤당 60달러의 철광석과 90달러의 석탄을 수입해 용광로에서 철 잉곳Ingot을 만들어낸다. 그리고 그것을 그냥 내다팔지 않고 더 가공해 톤당 900달러의 철판을 만들어 자동차회사에 판다. 이런 프로세스는 기술의 힘을 빌려 만드는 부가가치라고 할 수 있다.

톤당 900달러를 주고 잉곳을 매입한 자동차 제조회사는 한 걸음 더 나아가 톤당 1만 달러의 자동차를 생산한다. 즉, 원료보다 100배의 부가가치를 창출하는 것이다. 그것으로 산업기기를 만들면 1천 배, 계측기나 정밀기기를 만들면 1만 배도 올라간다.

이러한 과학기술의 발전이 바로 세계에서 지하자원이 가장 많은 아프리카 사람들은 못살고 자원빈국·기술부국인 선진공업국은 잘사는 이유다. 다음의 두 표는 원자재와 공업제품의 무게당 가격이 기술투입에 따라 부가가치를 높이는 것을 보여주는 사례로 기술혁신의 중요성을 반영하고 있다.

표 1 부가가치 창출

구분	달러/톤	비교
원료(철광석, 석탄)	60~90	1
철강재	900	10
자동차	10,000	100
산업기기		1,000
계측기, 정밀기계		10,000

표 2 단위무게당 부가가치

제품	달러/kg	제품	달러/kg
화물선	1	반도체	100
일반승용차	5	메인프레임컴퓨터	160
고급승용차	10	비디오카메라	280
NC 기계	12	점보제트 플레인	350
컬러TV	16	플레인 엔진	900
잠수함	45	슈퍼컴퓨터	1,700
		인공위성	20,000

＊자료 : 원자력안전아카데미(2007. 10. 18. 이창건 박사)

이 두 표는 우리에게 땅속에 묻힌 것이 없는, 즉 자원빈국임을 원망할 것이 아니라 머리에 묻혀 있는 것을 개발해낼 창의력과 노력부족을 한탄해야 한다는 메시지를 주고 있다.

세계 순위로 본 우리나라의 경제성장

2010년 스위스 국제경영개발원IMD이 발표한 국제경쟁력 순위에 따르면 우리나라의 세계적 종합경쟁력 순위는 58개 대상국 가운데 23위로 나타났다. 이는 전해의 27위에서 4단계 오른 수치로서 역대 최고의 상승치를 기록한 것이다. 기본 인프라 부문은 23위에서 20위로 상승했으며, 기술경쟁력과 과학경쟁력은 각각 18위와 4위를 기록했다. 아울러 우리나라는 아시아 · 태평양지역 13개 국가 중 8위, 인구 2천만 명 이상 29개국 중 9위, G20 국가 중 7위를 기록했다. 이러한 평가는 경제성과 부문에서 세계 경제위기를 신속하게 극복했고, 과학과 기술의 인프라가 획기적으로 개선된 결과에서 비롯되었다.

그동안 우리경제는 과학기술의 꾸준한 뒷받침으로 힘을 얻어 세계 12위의 국제교역국으로 성장했다. 외환보유액이 2010년 9월말 현재 2,897억 8천만 달러로 세계 5위이며, 부가가치가 가장 높은 반도체 생산은 세계 1위를 차지하고 있다. 이러한 결과는 우리 국민이 두뇌를 활용해 과학기술의 연구개발을 지속적으로 추진해온 성과라고 할 수 있다.

다음의 표는 우리 경제의 강점을 반영한 것으로서 세계시장에서 우리 제조업의 위상과 외환보유고를 나타낸다.

표 3 한국 경제의 강점

● 세계시장에서 한국 제조업의 위상

세계 1위를 차지한 한국상품 – 59개		IT산업 – 세계 선진국
반도체	세계 1위	한국의 인터넷 사용자수 – 미국의 17배
자동차	세계 5위	인터넷을 이용한 주식거래 – 미국의 2배
조선	세계 1위	인터넷을 이용한 은행거래 – 세계 1위
섬유 · 직물	세계 4위	인터넷 이용가구수 – 1,400만 세대
철강	세계 5위	(한국의 총세대수 – 1,578만 세대)
섬유화학	세계 5위	휴대폰 가입자수 – 3,938만 명
DVD	세계 2위	(총인구 4,800만 명)
TFT–LCD	세계 2위	*Thin Film Transistor–Liquid Crystal

● 한국의 외환보유고(2007년 말, 2,651억 달러)

1위	중국
2위	일본
3위	대만
4위	러시아
5위	한국

＊자료 : 김동기 박사, 『한국 경제의 현주소』(2007)

　이러한 우리나라의 국제적 위상은 지난 반세기 동안 이루어낸 획기적 발전상이다. 사주팔자만 믿고 과일나무 밑에서 입만 벌리고 있는 식으로는 도저히 경제발전을 꿈꿀 수도 없었을 것이다. 현재의 경제적 상황이라면 우리 민족의 앞날은 당분간 밝다고 하겠지만, 과학기술의 혁신을 도모하기 위해 지속적으로 노력을 기울여야 한다.

　경제적 행운이란 잠자는 사이에 산타클로스가 머리맡에 갖다놓는 것이 아니라 머리와 땀과 성실로 창출하는 노력의 결정체이기 때문이다. 결론적으로 과학기술의 바탕이 없는 나라는 풍요로운 선진복지국가가 될 수 없다.

　우리나라의 모든 국민이 과학기술의 중요성을 깊이 인식하고 한결같이 과학기술에 몰입해야 하는 이유가 여기에 있다.

우리 정부의 과학기술 발전정책 현황

그동안 이룩한 과학기술의 발전은 우리 정부와 연구기관, 산업계 및 학계 등 전 국민적 노력의 결정체라고 할 수 있다. 이제 과학기술은 어느 특정집단의 전유물이 아니고 국민적인 소명이며 관심사항이 되고 있다. 따라서 국가정책을 이끌어가는 정부의 기본계획과 정책동향에 대한 인식이 국민적 시각에서뿐만 아니라, 특히 미래의 주역인 학생들에게 도움이 된다는 점에서 정부의 「과학기술 기본계획」의 핵심내용을 소개하려 한다.

현재 우리나라 이명박 정부의 과학기술 기본계획은 2008년 8월에 공포된 「과학기술 기본계획 577전략」을 정책기조로 하고 있다. 이는 국가의 총 연구개발 투자를 국민총생산GDP 대비 5%로 확대하며, 7대 과학기술 분야를 집중 발전시키고, 세계 7대 과학기술 강국으로 진입한다는 목표다.

7대 중점 분야에 대한 투자는 총 6조 3,700억 원으로 이는 전년 대비 11.2%가 증가한 규모다. 정부 예산에 의한 연구개발 과제는 크게 두 가지로 분류된다. 첫째, 7대 중점 분야와 둘째, 577전략에 따른 50개 중점 육성 후보기술 과제다. 2010년 중점 추진방향은 창조형 기초 · 원천연구의 강화, 미래 신성장동력 투자확대, 저탄소 녹색성장 기술개발 강화 및 국민안전 · 공공 부문 R&D 지원확대 등이다.

2010년 정부에서 시행한 7대 시스템 분야별 시행계획은 다음과 같다.

- 세계적 과학기술인재 양성
- 기초 원천연구 진흥
- 중소 · 벤처기업 기술혁신 지원
- 전략적 과학기술 국제화
- 지역 기술혁신역량 강화
- 과학기술 하부구조 고도화
- 과학기술문화 확산(생활화)
- 과학기술문화의 사회적 역할 증대

다음은 우리나라의 세계적인 경제지표를 정리한 내용이다. 우리나라가 얼마나 위대한 나라인지 생각하며 살펴보기 바란다.

- 전 세계 229개 국가 중 영토규모 102위, 인구규모 59위
- 자원의 98%를 수입에 의존, 곡물자급률 25%
- 군사력 세계 15위 (핵무기 제외 시 6위)
- 반도체 생산율 세계 1위
- 조선업 제조 세계 1위
- 초고속통신망 보급률 세계 1위
- 단일 원자력발전소 무사고 가동률 세계 1위
- LCD생산산업 세계 2위
- 휴대폰산업 세계 2위
- 건설산업 규모 세계 3위
- 자동차생산량 세계 5위
- 외환보유액 세계 5위 : 2,897억 8천만 달러(2010년 9월말 현재)
- 세계 10대 채권국
- 국가신용등급 A
- 세계 1위 품목 121개(2009년)
- 세계 특허시장 점유율 7위
- 세계 10대 스포츠 강국
- 태권도 · 양궁 · 쇼트트랙 세계 1위
- 세계 5번째 고속철도 보유국
- 건설기술 세계 1위(초고층 복합도시 두바이 건설)
- 전 세계 경쟁력 12위
- 수출 세계 9위 : 3,635억 달러 달성(2009년)
- 인천공항 : 규모 세계 3위, 국제공항경쟁력 5년 연속 세계 1위
- 국민문맹률 세계 최저

CHAPTER 04

과학과 우리의 삶

권숙일

미국 유타대학교 대학원 물리학과(이학박사) / 서울대학교 자연과학대학 물리학과 교수

프랑스 국립과학연구소 객원교수 / 미국 남가주대학교 물리학과 객원교수

한국물리학회 회장 / 과학기술처 장관 / 현) 국제학술지 〈Ferroelectric Review〉 편집위원

현) 서울대학교 물리·천문학부 명예교수 / 현) 대한민국 학술원 회원

우리는 일반적으로 과학과 우리 생활이 밀접한 관계가 있다고 생각하지 않는다. 과학은 자연현상을 논리적으로 이해하고 그 현상을 일으키는 법칙을 만드는 학문적 가치로만 생각할 뿐 그 결과가 우리 생활과 어떻게 직접 연관되는지 잘 모르고 있다. 따라서 이 강의를 통해 우리가 잘 아는 기본적인 과학의 결실이 우리 삶을 어떻게 윤택하게 만들게 되었는지를 살펴보려고 한다.

먼저 과학을 세분화하고 또 행복한 삶이란 무엇인가를 나름대로 정리해 보자. 과학은 흔히 기초과학과 응용과학으로 나눌 수 있다. 기초과학은 물리 · 화학 · 생물 · 지구과학과 같이 자연현상의 원리나 근원을 찾는 학문이고, 응용과학은 공학 · 의약학 · 농학과 같이 자연현상의 원리를 응용해 실생활 또는 산업에 기여하는 학문이나. 또 과학기술이란 과학과 기술의 복합어로서 과학과 기술은 별개지만 혼용될 경우가 많으므로 쓰이는 내용을 잘 구별하여 사용해야 한다.

그렇다면 과학이 현대사회에 주는 의미를 생각해보자. 유형적으로 기술산업화를 통해 최첨단산업을 발전시키는 원동력이 되고, 무형적으로 기초과학은 미래의 산업발전을 도모한다고 할 수 있다. 따라서 기초과학의 발전은 산업 자체에는 크게 기여하지 못하더라도 기초과학의 뿌리가 없으면 산업의 장래성을 이끌 수 없으므로 무형적이라 해도 우리 생활에 직·간접으로 영향을 주게 된다는 것을 차차 설명하겠다.

그러면 우리가 생각할 수 있는 행복한 삶이란 어떤 것인가?

행복한 삶이 단순히 자기만족만을 위할 뿐 남과는 무관하게 사는 것을 의미할 수 있는지 생각해보자.

몇 가지 예로 행복한 삶을 그려보자. 스스로의 생활에 만족을 느끼며 보람 있게 산다고 자부한다면 행복하다고 할 것이다. 또 남들에게 고마움을 느끼게 하거나 남들이 나를 필요로 하는 삶을 살 때 우리는 행복감을 느낄 것이다. 스스로 이 사회에 유익한 존재임을 자부하며 살 때 행복한 삶이 될 것이다. 행복한 삶을 어떻게 느끼는가는 각자의 몫이라 해도 남들과 전혀 무관한 자기만의 행복을 진정한 의미의 행복한 삶이라 말하기는 어려울 것이다. 최근 사회에서 일어나는 여러 가지 불행한 사건의 발단은 모두 자기 자신의 행복만 추구하려 하다가 생긴 불행이라는 것을 우리는 직시해야 할 것이다.

과학의 정의와 행복한 삶을 직접 연결하기는 어렵다. 행복한 삶 자체가 주관적이기 때문에 어설프게 연계시키기보다는 행복한 삶의 기본인 삶의 질과 연계시켜 생각하기로 하자. 삶의 질 자체도 기준이 다소 막연할 수 있지만, 상식선에서 생각해도 큰 무리는 없을 것이다. 우선 좋은 삶을 위해서는 삶에 필요한 최소한의 경제력이 마련되어야 할 것이다. 국가가 경제력을 갖추려면 국가경쟁력이 높을수록 유리할 것이다. 그러면 국가경쟁력은 어떻게 평가되는지 알아보자.

20세기 초에는 군사력이 국가경쟁력의 가장 중요한 요인으로 작용했다. 따라서 미국을 선두로 한 러시아, 영국, 프랑스, 독일이 그 뒤를 이은 경쟁력 상위 국가였다. 그러나 전쟁이 억제되고 냉전이 지속되면서 20세기 후반에는 군사력이 아닌 경제력이 국가경쟁력 평가의 기준이 되었다. 그러면서 막강한 경제력을 갖춘 일본이 급부상해 1위인 미국의 뒤를 이어 세계 2위가 되고 독일이 3위가 되면서 군사력과는 다른 국가경쟁력으로 평가받게 되었다.

그렇다면 21세기 후반에는 무엇이 국가경쟁력의 기준이 될 수 있을까? 군사력이나 경제력이 아닌 지식산업의 경쟁력이 곧바로 국가경쟁력으로 이어질 가능성이 높다. 만약 지식산업으로 국가경쟁력이 평가되는 날이 온다면 비록 먼 훗날의 이야기지만 우리의 국가경쟁력이 상위로 올라서는 계기가 될 것이다. 우리나라는 현재 IT산업에서 세계의 선봉으로 나서고 있으므로 머지않아 미국 다음, 즉 1위 미국, 2위 한국에 이어 중국, 인도로 개편될 날이 올 것으로 기대할 수 있다. 우리가 잘 아는 대로 현재 우리나라는 반도체기술과 IT기술, LCD모니터기술에서 세계 1위를 차지하고 있다. 그 밖에도 원자력기술, 로봇기술도 세계 정상급에 올라 있으니 앞으로 우리나라의 국가경쟁력은 놀랍게 도약할 것이다.

여기에서 우리 삶이 어떻게 변화해왔는지 간단히 살펴보자.

1960년 초 우리나라의 1인당 국민소득은 100달러에 지나지 않았다. 그러므로 생활이 매우 어려웠으리라는 것은 충분히 상상해볼 수 있다. 국민의 두발을 잘라 가발 원료로 미국에 수출하고 한강의 모래를 파서 수출해 경제력을 키우던 시절이었다. 1970년대에 우리 정부는 과학기술 정책을 올바로 세우고 과학입국을 슬로건으로 내세워 산업을 일으키고 후반에는 경공업과 중공업을 독려한 결과 1인당 국민소득은 1,600달러에 이르게 되었다. 불과 20여 년 사이에 국민의 생활수준이 15배 이상 향상되었고, 이에 따라 삶의 질도 좋아졌다. 그리하여 1980년대에 들어 첨단산업이 활성화되고 수출이 늘어나고 중공업이 국가산업으로 발전함에 따라 1인당 국민소득이 9,000달러까지 올라가게 되었다. 2000년대 들어서는 지식기반 산업이 활성화되면서 1인당 국민소득이 2만 달러 2009년도 기준까지 가게 되어 우리 삶의 질은 나날이 향상되었다고 할 수 있다.

그렇다면 첨단산업의 밑거름은 무엇이었는가.

그것은 바로 반도체산업이라 할 수 있다. 반도체산업이 우리나라의 수출 주력산업으로 성장하면서 IT산업까지 최첨단을 차지하게 된 것이다. 그런데 반도체산업의 발전 뒤에는 반도체를 발견한 물리학이 있었고, 첨단과학의 발전을 가능하게 만든것은 기초과학이 있었다는 것도 알아야 한다.

이와 같이 과학기술의 발전으로 국가경쟁력이 향상되었고, 나아가 산업 발전 및 삶의 질 향상으로 연결된다는 것을 우리는 실감할 수 있다. 물론 소득이 증가하고 산업이 발전한다고 해서 반드시 양질의 삶을 살 수 있는가는 되새겨볼 필요가 있다.

지금부터는 기초과학 가운데 물리의 원리가 어떻게 산업화에 활용되었는지 예를 들어 설명해보려 한다. 우리는 반도체기술로 기억소자를 만들어 세계를 제패하고 있다는 사실을 잘 알고 있다. 반도체란 도체와 달리 전기가 잘 통하지 않지만 부도체나 절연체와 달리 반쯤 도체적 성질을 띠는 물체를 말한다. 그 성질을 물리적으로 잘 이용해 트랜지스터를 만들고, 이를 다시 IC<small>Integrated Circuit</small>로 칩을 만들어 이용하면 탁상 컴퓨터나 노트북은 물론 요즘 흔히 쓰는 스마트폰도 만들게 된다. 우리는 이처럼 눈부신 발전 속에 물리학의 기본원리가 담겨 있다는 것을 주시해야 한다.

반도체기술 못지않게 우리 생활에 직접적으로 혜택을 주는 원자력의 발전에 대해서도 알아보자. 우리는 아인슈타인의 상대성이론을 잘 알고 있는데, 이제 그 유명한 이론이 우리 생활과도 관련이 있음을 알아보자. 아인슈타인의 상대성이론은 물체의 상대적 운동에 대한 연구결과다. 즉, 두 물체가 동시에 같은 방향으로 같은 속도로 움직인다고 하자. 기준 틀에서 보면 두 물체는 분명 같은 속도로 움직이지만, 물체 안에 있는 관측자가 상대 물체를 보면 정지해 있는 것처럼 보일 것이다. 또 한 물체는 오른쪽으로 v라는 속도로 움직이고 다른 물체는 왼쪽으로 v인 속도로 움직일 때, 한 물체 안에서 관측자가 다른 물체를 보면 2v인 속도로 움직이는 것처럼 보일 것이다. 물론 기준 틀에서 보면 양쪽 모두 v인 속도로 방향만 다르다는 것은 분명한 사실이다.

아인슈타인은 이러한 상대속도에서 기준 틀의 중요성을 강조하면서 물체의 운동은 장소 못지않게 시간도 함께 생각해야 한다고 강조하면서 4차원 공간을 설명했다. 또 빛은 어떤 틀에서도 일정한 광속도 c로 불변하다는 명제를 만들어 우리가 잘 아는 $E=mc^2$을 유도해냈다. 이것은 이론적 결론이지만, 원자핵 분열에서 얻은 막대한 에너지가 이 이론으로 설명되고 이 에너지를 조절해 원자력발전에 기여한 것은 좋은 예라 하겠다.

한편, 우리가 아는 바와 같이 원자핵은 분열되면서 막대한 에너지를 방출하기 때문에 그 에너지를 잘 활용하면 우리 생활에 필요한 원자력발전소를 세울 수도 있지만, 이 막대한 원자력을 군사적으로 악용해서 원자폭탄도 만들 수 있다. 우리는 이 사실에서 과학의 결과를 어느 방향으로 활용하느냐에 따라 삶의 질 향상으로 이어질 수도 있지만 삶을 파괴할 수 있다는 데 특히 관심을 가져야 한다.

한편, 우리나라는 국토가 작고 지하자원이 없어서 수력발전소나 화력발전소로 에너지를 모두 충당하기에는 역부족이기 때문에 원자력발전에 의존하고 있지만, 핵폐기물 처리 문제로 겪는 어려움도 우리가 해결해야 할 과제다. 따라서 핵분열에 의한 에너지보다는 핵폐기물이 발생하지 않는 핵융합발전소의 건설에 모든 과학자들이 매진하고 있다. 아마도 30~40년 후에는 핵융합발전소가 가동될 수 있을 것으로 기대하고 있다. 태양 표면에서 일어나고 있는 현상이 핵융합의 좋은 예이다. 태양이 우리에게 주는 막대한 에너지를 지상에서 만들어 보자는 것이 바로 과학자들이 꿈꾸는 핵융합발전이다.

다음에는 21세기 과학의 꽃으로 알려진 나노과학에 대해 알아보자.

우리 사람의 키는 대략 1m의 크기이고 작은 볼펜의 길이는 대충 10cm$_{10^{-1}m}$ 정도다. 이와 같이 길이의 단위를 차차 줄여가면 작은 물체나 작은 영역은 현미경 또는 전자현미경, 원자현미경까지 동원해 극미의 세계를 관찰하게 된다. 원자현미경을 이용하면 10^{-9}m를 1나노미터 크기까지 볼 수 있다.

이처럼 극히 작은 세계에서는 어떤 일이 일어나는지 알아보기 위해 연꽃잎에 다음과 같은 실험을 해보자. 연꽃잎에 물이나 잉크 같은 액체를 떨어뜨리면 꽃잎에는 전혀 묻지 않고 그대로 흘러내리는 것을 볼 수 있다. 잎 표면에 무엇이 있어 물이나 잉크가 흘러내리는가를 살펴본 결과, 연꽃잎 표면에 나노 크기의 섬세한 털 모양이 있어 분자의 크기가 큰 물 분자는 그 표면을 적시지 못하고 그냥 흘러내리게 된다는 것을 알게 되었다.

또한 게코가 수직으로 된 벽을 떨어지지 않고 기어 올라가는 신기한 현상도 나노 크기의 발바닥 섬모로 설명할 수 있다. 산악인들이 수직 벽을 오를 때 벽에 붙은 몇 개의 돌출물을 잡고 그것에 의지해 벽을 오르는 것을 본 적이 있을 것이다. 게코의 발바닥에는 나노 크기의 섬모가 있어 수직 벽이 마치 울퉁불퉁한 벽으로 인식되기 때문에 산악인들이 돌출물을 잡고 올라가듯 게코도 발바닥을 이용해 수직 벽을 오를 수 있다.

이와 같이 나노 크기의 세계로 가면 상상하기 어려운 현상을 많이 볼 수 있다. 먼저 나노섬유가 어떠한 특성을 가지고 있는지 알아보자. 나노 크기의 섬유는 짜임새가 아주 작기 때문에 바람은 통과시키지만 물 분자 크기의 물질은 통과시키지 않으므로 시원하지만 물에 젖지 않는 옷감을 만들 수 있다. 이 밖에도 은나노세탁기를 비롯해 많은 나노 소자들이 우리 생활에 깊숙이 스며들어 생활이 윤택해질 날이 머지않다.

한편, 우리나라의 나노 소자나 나노 소재 분야는 최고 수준의 70~80% 정도까지 이르렀으며, 나노 공정과 장비 분야는 85% 정도에 이른 것으로 평가되고 있다. 다만 나노바이오 분야는 다소 미진해서 70% 선에 머무르고 있으나, 이 방면의 획기적 연구결과는 삶의 질 향상에 직접적으로 영향을 주기 때문에 젊은이들이 이 방면에 더 많이 관심을 가지는 것이 중요하며, 앞으로 정부는 나노바이오 분야에 대한 지원을 더 늘려야 할 것이다.

다음으로 물리학에서 발견된 여러 사실을 예로 들면서 우리가 어떤 사고방식을 가져야 하는가를 짚어보고자 한다.

먼저 새로운 사실을 찾아내는 연구가 있다. X-선이나 퀴리 부인이 발견한 방사능 물질이 그것이다. 그런데 이와 같은 발견은 지속적으로 관심과 의구심을 가지고 사고하는 자세를 보일 때 얻을 수 있다. 따라서 호기심을 잃지 말고 계속 들추어내는 자세가 필요하다.

다음은 어떤 일을 집념으로 추진하면서 새로운 결과를 창출하는 방식이다. 아직 산업화하지는 않았으나 고온 초전도체의 발견이 한 예다. 뮬러 박사는 오랫동안 산화물 결정을 연구하고 있었으나, 다른 학자들은 산화물에서는 고온 초전도체가 나올 수 없다고 이론적으로 증명을 해냈다. 그러나 뮬러 박사는 이에 개의치 않고 매달린 끝에 결국 세계 최초로 비교적 높은 초전도체를 만들어 노벨물리학상을 받았다. 이 일화는 소신을 굽히지 않고 매진해 좋은 결과를 얻은 예라 할 수 있다.

다음은 기존의 개념을 활용하는 연구결과다. 예를 들어 미국의 로렌스 박사가 발명한 사이클로트론입자가속기의 일종이 있다. 자기장 속에서 하전 입자가 움직이면 힘을 받는다는 사실은 이미 교과서에서 배운 내용이다. 그런데 이것을 실제로 이용해 고속의 입자를 만들어 원자핵을 때릴 수 있는 기구를 만든 것은 놀라운 발명이라 할 것이다.

또한 새로운 이론을 확립한 결과도 있다. 아인슈타인이 확립한 새로운 이론은 세기적 업적이라 할 만하다. 아인슈타인의 상대성이론은 그전까지 생각하지 못한 이론을 확립해냈다. 이 이론에 대한 설명은 원자력발전을 이야기하며 간단히 다루었으므로 여기서는 사실만 언급하고 넘어가기로 한다.

그런가 하면 지금까지 알고 있던 지식을 뒤엎는 사고방식이 바로 쿠퍼 박사가 발견한 쿠퍼쌍이다. 우리는 지금까지 물리학 시간에 전자와 전자는 척력이 작용해 서로 밀친다고 배웠지만, 쿠퍼쌍은 전자와 전자로 쌍을 만들어 물론 전자와 전자 사이에 중매자가 끼어 있긴 하다 초전도체의 원리를 설명한다. 이런 기발한 발상은 가히 초인적 상상력이라 할 수 있다.

따라서 우리는 지금까지의 지식은 현존하는 것일 뿐 늘 새로운 개념으로 바뀔 가능성이 있음을 알아야 하고, 새로운 개념의 창출을 위해 끊임없이 도전해야 한다. 호기심과 창의력, 도전이야말로 과학에 대한 관심과 더불어 꼭 가져야 할 자세다.

끝으로 삶의 질을 향상시키는 과학기술의 활용에 대해 살펴보자.

먼저 건강한 삶을 영위하려면 첨단 의료장비의 개발이나 질병의 생명공학적 · 생화학적 원인규명이 철저히 이루어져야 한다. 안전한 삶을 위해서는 기상예보의 정확성이 확보되어야 환경재난을 피할 수 있다. 교통재해를 막기 위해서는 기술적 안정성을 확보해야 한다. 쾌적한 삶을 위해서는 과학기술의 힘으로 대기의 질 향상을 꾀해야 하며, 편리한 삶을 위해서는 재활보조 기구 등을 과학적으로 편리하게 제조해야 한다. 또한 즐거운 삶을 위해서는 3D 기술을 발전시켜 3D 영화를 제작하고, 고난도 의학적 수술을 편리하고 안전하게 수행하여 과학과 우리의 삶을 직결시킬 수 있어야 한다.

그러나 과학기술이 삶의 질 향상에만 기여한다고 생각한다면 큰 오산이다. 과학기술의 발달로 삶의 질이 악화되는 면도 검토해서 예방하는 것이 옳을 것이다. 다시 말해 기술의 발달로 환경파괴, 온난화 문제, 생명윤리

문제, 신종바이러스 발생 문제, 특히 에너지 고갈 및 과잉 폐기물 문제 등은 우리가 풀어야 할 숙제인 것이다.

종합적으로 결론을 재구성해보면 21세기는 지식산업사회가 될 것이 분명하다. 따라서 미래 국가산업을 개발하려면 기초과학을 튼튼히 하고 융합과학IT, BT, NT 등을 활용해야 할 것이다.

결국 기초과학의 육성과 융합과학 및 지식기반산업의 발전이 삶의 질 향상을 도모하고 쾌적한 사회, 질병 없는 행복한 사회를 건설하는 데 크게 이바지하게 될 것이다.

마지막으로, 특히 학생들을 위해 아인슈타인이 남긴 한마디를 들려주고 싶다.

Imagination is more important than knowledge.

- A. Einstein -

CHAPTER **05**

우주시대, 꿈을 이루자

홍창선

미국 펜실베이니아 주립대 공학박사 / NASA 랭글리연구센터 연구원
카이스트 항공우주공학과 교수 / 카이스트 총장
한국항공우주학회 회장

우리는 지금 21세기를 맞아 글로벌시대, 디지털시대 그리고 우주시대로 불리는 과거와 현저히 다른 세상을 살아가고 있다. 변화의 속도는 점점 빨라지고 새로운 기술이 끊임없이 등장하면서 우리의 삶이 편리해지기도 하지만 복잡하게 느낄 수도 있다. 글로벌시대는 국가 간의 벽이 낮아져 사람들의 이동이 쉽고 물품도 쉽고 빠르게 이동한다는 의미다. 새로운 시대에 살아갈 우리는 세상이 어떻게 변할지, 무엇을 준비해야 할지 생각해야 한다.

우주항공기술이란 하늘을 나는 비행기나 인공위성과 관련된 기술이다. 가볍고 튼튼하고 정교해야 하는 종합 첨단기술이다. 절반의 성공이란 없고, 조그마한 잘못이 있어도 떨어지면 대참사를 부르기 때문에 완벽해야 한다. 우주개발 초기에는 미국과 구소련 중심의 경쟁체제로 진행되었으나 프랑스, 중국, 인도, 일본 등 다른 기술 선진국들도 꾸준히 발전을 이루어 이제는 위성발사체 기술이 강대국의 징표처럼 되었다.

오래전 농경시대에는 땅이 중요해서 주변 땅을 지배하는 나라가 강대국이었다. 로마시대에도 그러했고, 칭기즈칸은 동유럽까지 진출하는 등 넓은 대륙을 누비며 힘을 과시했다. 또 배를 만들게 되면서 바다로 눈을 돌려 저 멀리 대양을 넘어 다른 대륙까지 진출한 나라도 있었다. 즉, 포르투갈, 스페인, 네덜란드 같은 해양대국은 남북미대륙으로 진출하며 많은 식민지를 얻었다. 산업혁명을 거쳐 기술이 발전하면서 영국은 증기기관 등 산업기계로 생산율을 높이며 5대양 6대주에 많은 식민지를 두어 해가 지지 않는 나라로 불리기도 했다. 그리고 현재는 하늘을 지배하는 국가가 강대국의 반열에 오르고 있다.

20세기 말인 1903년 비행기가 등장했고, 1957년 최초로 인공위성을 우주로 발사했으며, 1961년 러시아의 유리 가가린은 마침내 처음으로 하늘문을 연 우주인이 되어 세상을 놀라게 했다. 이후 50여 년이라는 짧은 기간에 인공위성은 이미 우리 생활에 깊숙이 들어와 있다. 냉전체제 당시 구소련의 우주개발에 충격을 받은 미국은 자존심을 회복하기 위해 과학기술 진흥 노력의 하나로 1962년 존 글렌의 우주여행을 달성했다. 1969년 7월 20일에는 아폴로 11호 선장 닐 암스트롱이 인류 최초로 달에 발자국을 찍으며 "한 인간에게는 작은 발자국이지만, 인류로서는 위대한 도약"이라는 말을 남겼다.

이제 우주항공기술의 중요성은 선진국 대열에 들어서느냐 변방에 머무르느냐를 가늠하는 중요한 잣대가 되고 있다. 인공위성을 사용해 방송이나 통신도 하고, 자동차에서 길을 쉽게 찾아갈 수 있는 내비게이션의 위치 추적도 가능하게 되었다. 기상정보는 위성에서 받은 자료를 통해 더욱 정확해지고 일기예보를 이용한 사업에도 변화가 일고 있다. 인공위성은 이미 우리 생활 깊숙이에서 활용되고 있다. 우리가 타는 국제선 점보여객기는 10~12km 상공에서 비행하고, 저궤도 위성은 600~700km에서 지구 주위를 하루에 14번씩 돈다. 또한 무궁화위성은 35,786km 상공에서 지구와 같은 속도로 돌기 때문에 정지위성이라 한다. 모두 5,500여 개의 위성이 우주공간에 발사되어 500여 기가 운용되고 있다 한다.

위성의 종류는 목적에 따라 정밀지도 · 삼림 · 농산물 파악 · 해양자원 관리를 위한 지구관측위성원격탐사용, 일기예보 · 홍수 · 태풍경보를 위한 기상위성, 방송통신용 위성, 그리고 군사용으로 정찰위성 등이 있다.

왜 우주항공산업인가? 그 이유는 국가의 안위와 존엄성을 확보하기 위한 전략산업이며, 모든 기술을 망라하는 기술집약산업이고, 아울러 고부가가치 기술이며, 기술파급효과가 큰 산업이기 때문이다. 우주항공기술의 기술파급효과란 정보산업 분야, 기계 · 전자산업 분야, 기초기술 등 여러 분야의 발전을 함께 끌어올릴 수 있다는 뜻이다.

우주여행도 이제 현실로 다가왔다. 러시아 우주선 소유즈호를 타고 우주관광을 다녀온 미국인 데니스 티토는 지구를 떠나기에 앞서 '세상에서 가장 행복한 사람'이라는 말로 기쁨을 표현했다. 행복의 기준은 사람마다 다르겠지만, 티토야말로 세속에서 말하는 천복을 타고난 인물이다. 먼저 그 당시 돈으로 2천만 달러약 265억 원의 경비를 부담할 수 있는 억만장자인 데다 예순의 나이에도 900시간의 훈련을 이겨낼 수 있는 건강을 지녔기 때문이다.

40년 전 가가린의 우주비행을 보면서 스무 살의 청년 티토는 자신도 언젠가는 우주에 가겠다는 꿈을 키웠다. 소련의 유리 가가린은 1961년 4월

12일 우주선 보스토크 1호를 타고 인류 역사상 최초로 우주를 날았으며, 티토는 우주여행의 꿈을 싹틔운 지 40년 만에 목표를 달성했던 것이다.

이 시대를 살아가는 모든 사람들, 특히 미래의 주역인 학생들 앞에는 우주시대의 꿈을 펼칠 수 있는 기회가 놓여 있다. 과학기술이 미래를 여는 열쇠가 된다는 이야기를 듣고 꿈을 가진 사람들이 함께 꿈을 이루는 상상의 유영을 할 것이다. 이제 우주란 무엇이며, 인공위성을 어떻게 우주로 올려보내며, 또 무엇 때문에 자꾸 올리려고 하는지에 대해 알아보자.

모든 땅은 심지어 무인도까지도 주인이 있다는데 우주라는 하늘공간의 주인은 누구인가? 우리나라도 우주공간을 소유하고 있는가? 우리도 우리 땅에서 우리의 발사체로 우리가 만든 위성을 쏘아올리려 했다는데, 결과는 어떻게 되었는가? 궁금한 점들이 많다.

우주공간은 공기의 저항이 없는 무중력 상태이며, 달 표면의 중력은 지구상 중력의 약 6분의 1이다. 그렇다면 몸무게가 60kg인 사람이 달나라에 가면 10kg이 된다는 말인가? 그러면 다이어트 걱정을 안 해도 되니 좋겠다며 부러워할 것이다. 키가 좀 작아 고민이 되는데 무중력 상태인 그곳에 가면 키가 커진다는 이야기는 정말 반가운 소식이다. 인공위성을 타고 지구 둘레를 돌고 있는 우주인은 위성 내에서 무중력 상태가 된다. 무중력 상태에 있는 우주인은 공중에 떠 있으며, 그의 체중은 0Zero이 된다. 우주정거장 내에서 우주인들이 둥둥 떠다니는 것을 TV 방송 화면으로 보았을 것이다.

하늘나라를 여행하려면 우주발사체의 로켓 속도가 얼마나 빨라야 올라갈 수 있을까? 자동차는 시속 100km로 달리면 서울에서 부산까지 4시간쯤 걸리는데, 우주로 올라가려면 발사체가 1초에 7km가 넘는 속도를 내야 하니 부산까지 1분이면 갈 수 있는 빠르기다. 이런 우주항공 기술을 확보하면 지상의 어떤 기계와도 비교할 수 없는 첨단기술을 소유하게 될 것이라는 이야기다. 그래서 선진국들은 우주에 많은 위성을 쏘아올리며 정보를 확보하고 우주공간에서도 좋은 자리를 차지하고 있다. 우리나라도 1992년에 첫 소형 인공위성인 '우리별 1호'와 방송통신용인 무궁화 위성을 쏘아올린 바 있다.

우주개발사업은 그동안 강대국들의 전유물로 여겨져왔으나 이제 정보화시대를 맞아 무선전화, 인터넷, 방송 등 우리의 실생활과도 밀접한 관계가 있음을 누구나 피부로 느끼게 되었다. 탑재물이 위성인가 폭탄인가에 따라 미사일 발사인지 위성을 위한 우주발사체인지를 구분한다. 현재 우리나라가 소유하고 있는 위성들은 모두 외국의 발사체에 의존한 것이다. 이는 위성을 쏘아올리는 액체로켓 기술이 우리에게 아직 없기 때문으로 우리도 우주발사체를 개발 중이다.

우주개발사업을 위해서는 위성체를 우주공간에 보내는 수송수단이 먼저 확보되어야 한다. 위성을 우주로 싣고 올라가는 위성발사용 로켓은 위성 못지않게 우주개발의 핵심적 역할을 맡고 있다. 위성을 개발했다고 해도 로켓기술이 없으면 위성을 외국으로 싣고 가 쏘아올릴 수밖에 없기 때문이다. 위성발사용 로켓의 성능을 평가하는 잣대는 얼마나 무거운 위성을 싣고 원하는 우주궤도까지 올라가느냐 하는 것이다. 우주왕복선 등을 제외하고 500~2,000kg의 위성을 싣고 지상 3만 6천km 정지궤도까지 올리는 것이 미국, 러시아, 프랑스. 인도, 중국, 일본 등 선진국의 위성발사 로켓 기술이다.

정부는 2007년 전남 고흥군 외나로도에 자체 위성발사체 발사장을 갖춘

150만 평 규모의 나로우주센터를 건설했다. 그리고 러시아와 공동개발한 과학위성의 발사를 시도했으나 2008년 8월 1차 발사에 이어 2010년 6월 2차 발사도 폭발로 실패하자 시민들은 허탈감을 감추지 못했다. 우리나라는 2020년까지 우주개발 중장기계획에 방송통신위성 5기, 다목적 실용위성 7기, 과학위성 7기 등 총 19기를 발사한다는 계획을 세워두고 있다.

미국과 같은 강대국에서도 우주개발의 막대한 경비는 언제나 국민의 이해와 성원이 있어야 지출할 수 있다. 미국도 1990년대에는 위성발사의 실패가 잦았다. 위성발사가 실패할 경우 위성체의 오작동으로 인한 실패와 로켓발사의 실패로 나눌 수 있다. 그동안의 실패를 보면 기술적 신뢰성의 미흡뿐 아니라 단위계산 착오 같은 어처구니없는 일에서부터 챌린저호의 경우와 같은 정치적 결정에 이르기까지 원인이 매우 다양하다. 챌린저호 사고는 기술적으로는 고무제품인 오링의 파손이 원인으로 지적되고 있으나, 당시 발사장의 날씨가 예상보다 추웠기 때문에 엔지니어는 발사연기를 주장했다고 한다. 그런데 사고 당일 저녁에 있을 대통령의 연두교서 계획에 맞추려는 정치적 욕심이 화를 불렀다고 할 수 있다.

미항공우주학회AIAA의 분석에 따르면 1995년에서 1999년 사이에 35번의 발사실패 또는 사고가 있었는데, 이는 그전 5년간의 23번의 실패와 비하면 많다는 지적이다. 수치를 비교하면 1990년대 전반기에 비해 후반기에 실패사고가 35% 증가했다는 것이다. 미국이 발사한 위성로켓들이 최근 8개월 반 동안 6번이나 2개는 공중폭발, 3개는 정상궤도진입 실패, 1개는 대기권추락 연소 실패로 돌아가자, 시스템 자체에 근본적인 의문이 제기되고 있다. 특히 1999년의 8번의 실패는 매우 심각한 분석을 필요로 했다. 다른 한편에서는 77번의 시도 중 90%의 성공률은 그리 나쁘지 않다는 변명도 나온다.

문제의 로켓들은 공군과 민간 우주항공사 소속이 각각 3개씩으로 군사위성 3개, 상업통신용 2개, 지표면 사진촬영용 위성 1개가 탑재되어 있었다. 한 달 사이에 4번이나 실패한 적도 있었다. 이는 1986년 챌린저호의 공중폭발을 전후로 6번 실패한 이래 최악의 경우로서 손실액만 35억 달러4조 2,000억 원에 달한다고 한다. 1999년 8월 12일 미국 플로리다주 케이프커내버럴 공군기지에서 첩보위성을 싣고 발사된 타이탄Ⅳ 로켓이 42초 만에 공중폭발해 그 잔해가 대서양으로 쏟아지는 사진이 보도되기도 했다.

보잉사는 델타Ⅲ 로켓을 발사했지만 통신위성을 정상궤도에 진입시키지 못했다. 인공위성 발사 시장을 장악하기 위한 회심의 작품으로 개발된 델타Ⅲ는 지난해 8월 첫 번째 발사 때 71초 만에 공중폭발해 기본적인 성능에 대한 의구심이 커지고 있다. 델타 로켓은 앞서 카운트다운 0에 이르러서도 연료점화가 되지 않는 등 갖가지 문제로 발사가 한 달이나 지체된 바 있었다. 록히드마틴사가 제조한 공군의 타이탄Ⅳ 로켓은 정찰위성을 싣고 발사된 지 1분 만에 공중폭발했다. 미사일탐지 위성을 탑재한 타이탄 로켓은 엉뚱한 궤도에 위성을 내려놓아 쓸모없게 만들기도 했다. 이 밖에도 여러 차례의 실패가 있었다.

위성발사 성공률이 최근에 감소하고 있는 것은 사실이며, 이것은 1990년대 후반에 시도한 대부분의 발사체가 새로 개발한 것으로 신뢰성 검증이 덜 된 상태이기 때문에 앞으로는 훨씬 나아질 것이라는 전망도 있다. 일본에서도 우주개발사업단NASDA에서 개발한 H-Ⅱ 로켓이 1999년 11월 다네가시마 우주센터에서 발사되자마자 곧 실패하는 바람에 큰 충격을 받고 고위층의 사퇴로까지 이어지기도 했다. 잇따른 로켓발사의 실패로 일본에서도 원인규명에 골머리를 앓고 있다. 지난 1995년 이후 일본이 발사한 우주개발 로켓 가운데 4기가 공중폭발하거나 추락했다. 와신상담 끝에 2000년에 쏘아올린 일본우주과학연구소ISAS의 M5 고체로켓마저 어디론지 사라지고 말았다. 실무책임자는 "로켓발사체 사업이 참으로 복잡하고 어렵다"고 술회하기도 했다.

실패와 성공이 확연히 드러나고, '적당한 성공'이란 없이 완벽한 성공만 요구하는 것이 위성발사체 기술이다. 우리나라도 이제 두 번의 실패를 절망이 아니라 큰 교훈으로 삼아 더욱 면밀한 원인분석을 통해 성공을 이루어야 할 것이다.

우주항공기술은 과학기술을 한 단계 업그레이드시키는 중요한 분야이며, 우주항공기술 없이는 경제선진국이 될 수 없다. 따라서 우주기술은 선진국에서 견제와 함께 기술이전을 해주지 않으려고 회피하는 기술이며, 국가에서 육성해야 하는 전략적 기술이기도 하다. 과학기술경쟁력이 국가경쟁력을 좌우하는 시대에 과학기술, 특히 우주항공기술은 국민의 이해와 성원이 있어야만 추진할 수 있다.

과학은 바로 우리의 생활이고 생명력이다. 우수한 젊은이에게 우리의 미래가 달려 있다. 이전에는 꿈같은 이야기였던 우주강국이 이제 꿈이 아닌 현실로 우리 앞에 다가오고 있다. 학생 여러분이 미래의 주역이다. 여러분의 작은 꿈이 자라 큰 꿈을 이뤄낼 것이다.

CHAPTER 06

과학창으로 본 아름다움

한영성

서울대 대학원 행정학과(행정학) 석사 / 주 오스트리아연방공화국 대사관 과학관
과학기술처 원자력국장 / 국가과학기술자문회의 위원장
한국전력공사 원자력담당 상임고문 / 한국원자력안전기술원 이사장
현) 한국기술사회 회장 / 현) 원자력 위원

우리가 아름다운 이유

❶ 고사리손과 엄마 약손

우리들의 손가락이 5이다.

어린 아기의 고운 고사리손,

엄마 약손이 감싼다.

아기 손가락도 엄마 손가락도

하나같이 5이다. 왜 다섯일까?

묵화 치고 글을 짓던 황진이의 고운 손

울며 소맷 자락 부여잡던 낙랑공주의 섬섬옥수

다섯 손가락이다. 왜 5일까?

모른다. 알 것 같은데, 아니다.

묻고 또 묻고, 찾고 또 찾았으나…

어디에도 답이 없다.

우리 몸의 축소판이기도 한

부지런한 손, 고마운 손이다.

손이 없었다면 오늘날 인류의 문명이 가능했을까?

서유기의 손오공은 인간들이 깨춤 추는 재주마당이

부처님의 손바닥이라 했던가!

우리 인간은 빈손으로 왔다 빈손으로 간다.

손에 손 잡고, 따뜻한 손이다.

우리 몸 어느 부분보다도 손에는 뼈의 수가 많다.

손가락엄지~약지 : 5

중수골손바닥 뼈 : 5

수근골손목 뼈 : 8

중수골 + 수근골 : 13

지골+ 중수골 + 요골 + 척골 : 21

온 세상 사람은 누구나 손가락이

다섯이다. 우연일까?

어쩌다 보니 그렇게 되었을까?

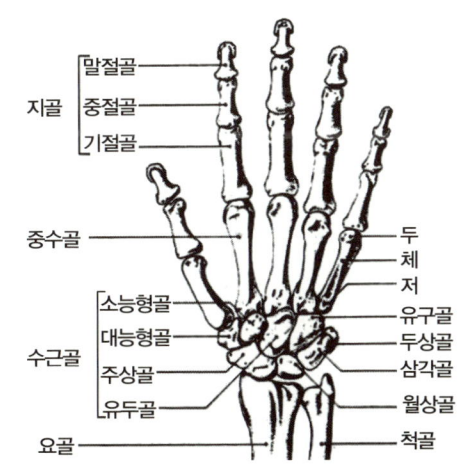

지골 — 말절골 / 중절골 / 기절골

중수골

소능형골
대능형골
수근골
주상골
유두골

요골

두
체
저

유구골
두상골
삼각골
월상골

척골

수근골_{손목}은 그 좁은 공간에 8뼈가 빼곡하고
보고 또 보아도 5 8 13 21, 그런 수_數를 하고 있다.
그것이 또한 궁금하다

❷ 코스모스, 우주의 꽃인가

내가 그의 이름을 불러주었을 때
그는 내게로 와서 꽃이 되었다. - 김춘수

파란하늘 오솔길, 하늘하늘
분홍 하얀 붉은 코스모스가 반긴다.
소녀는 가는 걸음을 멈춘다.
'소녀의 순정' 코스모스의 꽃말이다.
꽃말 따라 두 뺨이 곱게 물든다.

할미꽃 철쭉꽃이 가까이라면
멀리멀리 이름이면서도 다정스럽게 다가서는 너
망원경으로나 봐야 하나, 우주의 꽃인가?
이름하여 코스모스Cosmos,
그 꽃잎이 8이다. 왜 8일까?
문헌을 찾고, 인터넷을 헤매고, 물어도 봤지만…
아직도 답을 모른다. 영영 알 수 없는 걸까?

영변 약산, 바위고개, 진달래꽃,

한 잎 따다 입에 물고, 또 한 잎 따다…
꽃물을 머금었기에 그렇게도 예쁜가! 그 입술이.
두견화, 진달래의 또 다른 이름이다. 그 꽃잎이 5이다. 왜 다섯일까?

복사꽃 능금꽃 피는 내 고향
앵두꽃 살구꽃 패랭이꽃…
피고 피는 무궁화
흐드러지게 한 그루 가득히 꽃 총총, 벚꽃.

하나같이 5 꽃잎이다.
또 한 번 '왜?'다.
여섯 일곱 꽃잎은 어디 숨었나?
안 보인다.

뜸 두어 참제비고깔이 반기며 다가선다.
8 꽃잎이다. 왜 건너뛰는 거지?
이어 금잔화, 데이지, 질경이, 쑥부쟁이가
꽃잎 번호 13 21 34 55…를 달고 나와 '나' 보란다.

꽃이 왜 아름다운지 몰라 허기진 나를 두고
또한 고픔에 들게 하는가!
대자연이, 이 우주가
꽃잎 데리고 수놀이를 즐겨 하고 있는 것이다.

❸ 양귀비, 신의 선물인가 죽음의 사자인가

옥같이 흰 얼굴에 눈물이 그렁그렁

玉容寂寞淚欄干

배꽃 한 송이가 봄비에 젖은 듯

梨花一枝春帶雨 – 백거이 白居易

한 아리땁고 젊은 여인의 눈물 정경을
어쩌면 이렇게 고움과 한으로
잘 그려낼 수 있을까!

클레오파트라와 쌍벽인가,
동양의 아름다움 양귀비 楊貴妃.
띄어쓰면 중국 당나라 현종의 아리따운 연인,
붙여놓으면 화사절정 아름다운 꽃 이름이다.

붉디붉은 양귀비꽃, 목이 길어 슬픈 건가.
'다가서면 관능이고 물러서면 슬픔이다.'
어느 시인의 황홀경인지 긴 탄식인지 알 길 없다.

옥환 玉環은 빼어난 미모와 총명함,
뛰어난 가무 솜씨로 18살에
현종의 제18왕자, 수왕 壽王의 비가 됐다.
아름다움이 죄인가, 타고난 숙명이었던가?

절대권력 시아비의 품으로 옮겨져 와
절대호사로, 권세로 일세를 풍미하다
38세의 나이로 목을 매인다.
천륜의 천벌인가, 8자소관인가!

양귀비가 얼마나 예뻤으면 그녀 앞에서
꽃도 부끄러워 고개를 숙였을까!
이름 하여 수화 羞花, 함수초 含羞草
아름다움을 알아보는 눈은 동서가 같은 것일까?
영어로도 미모사 Mimosa 美模寫.

양귀비 열매, 그 설익은 씨방 껍질에 상처를 낸다.
끈끈한 액체가 흘러나온다. 우윳빛이다.
차차 굳어지면서 흑갈색으로 변한다.

아편! 아픔인가 아련함인가?
자연산 진통제다.
그것도 천하제일의 특효약이다.
말기 암환자, 전쟁터의 치명적 부상자…
본인, 그리고 이를 지켜보고 있는 사람들,
이 안타까움을 어찌할까?

단 한순간이라도 벗어나고 싶단다.

그럴 수만 있다면, 그런 다음 죽어도 한이 없겠단다.
이 절대극명의 극한통증 상황,
그렇다. 단 한 방에 천하가 싹 바뀐다.
지옥에서 천당, 극락의 세계로다.
신이 준 선물(?)인 것이다.

모르핀, 마약이다. 금단의 저승사자다.
한번 말려들면 그것으로 파멸, 죽음뿐이다.
한 개인만 그런 것이 아니라 국가도 마찬가지다.
아편꽃이라! 그래서 당나라 현종이 넋을 잃었고
역발산의 안록산이 난리를 일으켰고,
당대의 시성 백거이가 장한가를, 뭇 남성들이…
영국과 청나라 사이에 아편전쟁까지 불러왔다.

햇살 양지바른 언덕에
빨갛게 노랗게 분홍으로
하늘하늘 춤추는 한 떨기 꽃
가는 허리, 부드러움, 야들야들
향내 그윽한 꽃술에 파닥거리는
노랑나비 한 마리.

달콤한가, 무언지 모르게 끌리는 향기인가.
별천지의 한순간인가, 환희의 절규뿐.
이 밤이 새지 않았으면, 영원이었으면…

생금빛이 초록으로 바뀌는가 했더니
어느덧 회색 연기가 죽음의 그림자를
길게 드리운다.
한낱 꿈이었던가!

표현력이 턱없이 모자라 멀리 돌고 돌아왔다.
식물, 특히 속씨식물은 꽃을 피우고 열매를 맺는다.
꽃 한가운데 자리한 씨방이 씨를 품는다.

많은 수술에 둘러싸여 있는 아편꽃의 씨방.
연노랑이다.
볼록볼록 돋아 있는 것이 몇 개나 되는가?
잘 안 보인다고? 덜 자라 그럴 테지요.
그럼 다 익은 것은 어떤가요?
어디 보자, 맞다. 분명 열셋, 13이다.
왜 13일까?
지금 누가 누구에게 묻고 있는지 묻고 싶다.
자신에게, 아니면 하늘에, 우주에?

❹ 자연은 신이 쓴 수학책 1
봄비가 촉촉이 대지를 적신다.
바람결이 간지럽고 새소리가 낭랑하다.
새싹들이 돋아난다. 연초록색이다.

풀이 나무가 자란다. 산에서 들에서 꽃밭에서
소녀의 새끼손가락을 발갛게 물들였던 봉숭아,
내일 종말이 오더라도 심겠다던 사과나무,
이런 풀, 저런 나무, 땅을 디디고 하늘을 향한다.

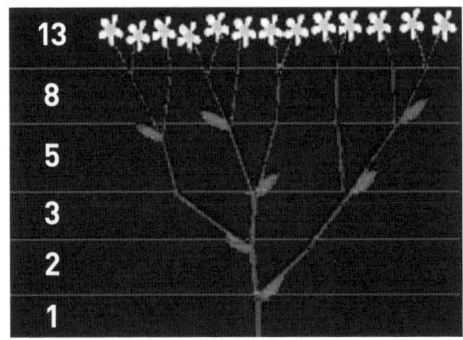

줄기가 서고, 가지가 뻗어나고, 잎들이 돋아난다.
어떤 정해진 법도가 있을까? 아니면 제멋대로일까?
나무의 가지치기 고속화면이다.
처음에는 원줄기인 한 가지에서 또 한 가지가 나온다.
새 가지 하나가 분지되는 동안 원가지는 그대로 있다.
또 한 가지가 나오고 먼저 2가지는 불변이다.
1, 2, 3, 5, 8, 13… 신기하다.

다음은 잎의 경우다.
첫 잎 찍고 어떤 각도로 돌려 다음 잎 찍고
거기서 다시

일정 각도 점에 또 한 잎을 배치한다.
같은 줄기이기에 잎의 배치 위치만 문제다.

단체사진을 찍을 때 사이사이에 빈틈없이 서야
모든 사람의 얼굴이 다 나오게 된다.
같은 이치인가?
식물이 자라는 생장점을 들여다본다.
원시세포들이 어떤 나선을 따라 같은 각도로 성장하는데
그 각이 137.5도다.
$360 \times 34/55 = 222.5$, $360 - 222.5 = 137.5$.

이런 특정한 각을 이루며
새로운 잎이나 가지를 내는 까닭은 무엇일까?
공평의 나눔이자 자연의 사랑일까?
아래 가지나 잎에
햇볕이 최대한 골고루 가게 하려는
우주의 배려일 수 있다.
이 세상의 모든 생명들이 만들어가는,
결과적으로 아름다운 모습이 될 수밖에 없는
그런 비밀인 것이다.
이처럼 자연의 아름다움은 주어진 조건에 대한
최적의 답이자 설계가 아닐까?
'자연은 신이 쓴 수학책이다.' - 갈릴레오

토끼 수게임이다.

한 쌍의 토끼가 매달 한 쌍의 새끼를 낳고,

새로운 쌍들도 태어난 지 두 번째 달부터

매달 한 쌍의 새끼들을 낳는다면

5년 후 토끼는 몇 쌍으로 불어날까?

ⅰ 1로 시작한다.

ⅱ 처음에 똑같은 두 수가 반복된다.

ⅲ 연속하는 두 수의 합이 다음에 나타난다.

ⅳ 수들이 홀수, 홀수, 짝수순으로 이루어져 있다.

1, 1, 2, 3, 5, 8, 13, 21, 34…

영화 〈다빈치코드〉의 암호풀이인가?

아하, 피보나치의 본명이 '레오나르도 다빈치'라고!

꿀벌가족 중 수벌은 엄마만 있고 아버지는 없다.

어째 그런 일이! 그럴 리가 없다고?

내기를 걸어도 좋다. 어떤 조건도 환영한다.

내친 김에 벌의 족보다.

홀어머니에 할아버지 할머니

증조홀할머니, 증조외할아버지 증조외할머니

일 일 이 삼 오 1 1 2 3 5로 올라간다.

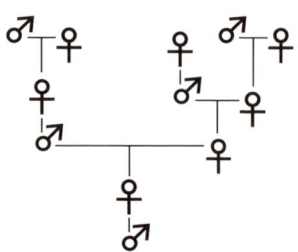

6대째는 보나마나 여덟팔자, 분명하다.

아름다움은 아름다움 쪽으로만 지향한다.
원시 인간, 원시 식물 동물과 오늘날의 모습을 비교해보라.
예쁘다. 불변이다. 앞으로도 영원히 지향할 것이다.

한 변이 일정_{예 : 1m}한 정사각형의 대각선 길이,
이 간단한 도형의 길이를 나는 잴 수 없다.
대략은 가능한데 정확한 수치는 불가능이다.

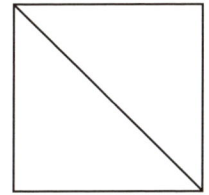

수성數聖 피타고라스Pythagoras도
여러 차례 시도해봤으나 번번이 실패하고 말았다.
'만물은 수이다'로 존경을 한 몸에 받던
그의 고심이 어떠했을까?
"그 정도야 식은 죽 먹기다"라고? 좋다.
답을 기다린다. 어떤 내기라도 걸 것을 약속하면서.

무질서 속에 숨겨져 있는 질서, 카오스Chaos
영원히 끝나지 않는 수의 비밀, 파이Phi
신이 쓴 수학책, 인간은 꼭 읽어야 할 것이다!

유네스코 세계문화유산이다.
국보 제24호, 석굴암,

그 님 눈길 아래 직선상에 수중 무열왕릉
멀리 동해를 굽어보고 있다.
부처님상과 그 좌대의 높이, 양 기둥의 길이
각각의 비율이 약 55 : 31 그리고 47 : 29
안정, 균형, 그리고 우아함 그대로다.

세계7대 불가사의 중 으뜸인 이집트의 피라미드,
2톤이 넘는 돌 230만 개로 지어졌는데
수천 년의 세월을 이고서도 오늘도 고고하다.
어떤 시방도, 설계도도 남겨진 것이 없다.
궁리 끝에 현장 실측에 나선다.
기자의 대피라미드, 4각뿔 모양새다.
꼭짓점에서 수직 아래로 잰 높이와 한 밑변,
그 길이가 각각 146.6, 230.4m다.
그 비를 보니, 146.6 / 230.4≒■.■■■, 역시 그렇구나!

그리스 아테네의 파르테논Parthenon 신전,
유네스코 세계문화유산 1호다.
왜일까? 2,500년 전에
이런 '아름다움'이 만들어질 수 있었다니!
참으로 대단하다.
찾는 발길이 그치지 않는 이유기도 하다.
정면 기둥이 몇 개인가?

옛날 건물만 그런가? 아니다.
뉴욕에 자리한 UN본부 건물이 그렇고
우리 국회의사당이 그렇다.
우리 주변에 많고도 많다.

그런데 그리스-로마인들도 익히 알고 있었고
피보나치가 800여 년 전에 수치로 밝혀두었는데도
오늘의 내가 놀라워하고 있으니, 감탄인지 멍텅탄인지?
아름다움이 왜 내게 아름답게 다가설까?

황금분할은
자연의 모양을 아름답게 하는 것 중에서
가장 완전한 것이며,
신의 축복을 받은 분할의 비다. - 플라톤

신이 내린 축복, 그것이 알고 싶다.
자연의 신비이자 비밀, 답답이는 답답하다.

점에서 영원으로, 극대에서 극소로

❶ 하나가 전체, 전체가 하나

꽃이냐 소라냐.
그냐 저냐, 모르고도 모를 일이다.
하나가 전체이고
전체가 하나다.
작은 송이 하나하나를 더해가면
전체 큰 송이가 되고
전체를 축소해가면 작은 한 송이다.
한 점을 향해 끝없이 오므려들고
또 한 점을 향해 영원으로 뻗어간다.

'고사리 대사리 끊자. 나무 대사리 끊자.
유자 꽁꽁 재미나 넘자. 아장장장 벌이여.'
고사리, 볼수록 유정 有情 이다.
하나가 또 하나, 또 하나가 또또 하나
한 점과 무한대가 공존하는 세계다.

'이 게 이 게 정말, 이 게 정말…

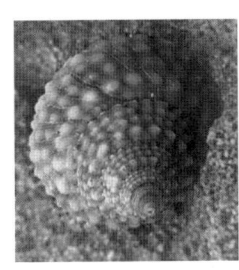
소라껍데기를 놓고 게들이 싸우고 있네.'
바다의 소라,
텃밭의 양상추, 어떤가?
그 얼룩송아지에 그 엄마소다.
같은 조각가의 작품인가?

높은 산 푸른 솔
팽글팽글 돌면서 떨어지는 솔씨.
떠나온 집, 솔방울에 새겨진 조각
어느 누구 작품인지 낙관이 없다.

어디 보자, 엉겅퀴, 파인애플에도 같은 모양새다.
선인장이 머리에 우주고깔을 이고 있고
산양의 뿔, 회오리바람, 물의 소용돌이가,
토네이도, 혜성의 꼬리…
목수인지 석공인지 도공인지
아니면 다기능 소유잔지 그것은 몰라도
한 가지는 분명하다.
한 솜씨인 것이다.

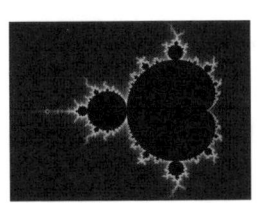
그렇다. 여기에 어쩌면
'우주의 비밀'
그 신비를 풀어줄 열쇠가 있는지도 모른다.

❷ 소라 태풍 은하, 그들은 형제인가

백 번 듣기보다 한 번 그려 보기다.

한 변이 1인 정4각형을 먼저 그린다.

그 왼쪽에 또 하나 정4각형을 그린다.

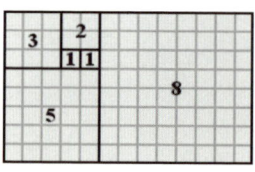

둥 작은 정4각형 둘을 이은 면을 한 변으로 정4각형 '2'를 만든다.

이어 '1' '2'로 이어진 변으로 3을 만든다.

연달아 한 변이 2 + 3 = 5, 3 + 5 = 8, 5 + 8 = 13…

정사각형을 차례로 그려나간다.

1 1 2 3 5 8 13 21…

이제 1차 작업은 끝났다.

붉은 색연필을 꺼내 든다.

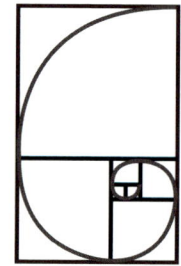

처음 그린 4각형에서 출발, 차례로 이어간다.

이제 제 모습을 드러내기 시작한다.

어머, 이럴 수가! 멋지다.

익히 보아온 영락없는 소라의 집이다.

세워진 그대로의 4각형이 뉴욕 UN본부 건물이고,

옆으로 누이면 그리스의 파르테논 신전이다.

나는 내 귀를 그려놓은 줄 알고 좋아했는데

태풍이 자기 얼굴이라고 뛰어와 반기고,

하늘에서 내려다보던 은하도 싱글벙글한다.

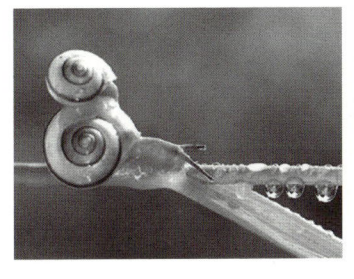

달팽이 두 마리가 단비 머금은

초록의 풀줄기를 타고 사랑놀이다.

누가 새겼을까,

한눈에도 뚜렷한 태풍 뱅글.

그리고 같은 솜씨의 은하 회오리무늬.

한 눈 올려다보면 보이려나

안으로는 작은 점 하나로 끝없이 모아들고

밖으로는 극대를 향해 무한히 비상한다.

감탄으로 온몸이 떨려온다.

아름답다. 우주, 코스모스!

❸ 에너지 나눔의 사랑, 태풍颱風

태풍, 싹쓸이 바람이다.

중심 최대풍속 17m/s 이상으로

모든 것을 날려버린다.

태풍, 이름 그대로 바람인데

예외 없이 비, 폭우를 동반한다.

태풍 · 폭우, 태풍우가 제대로 된 이름인
열대성저기압이다.

우리나라를 비롯한 동남아시아 태풍Typhoon,
북미 허리케인Hurricane,
인도 사이클론Cyclone, 호주 윌리윌리Willy Willy
필리핀 바기오Baguio, 멕시코 서해안 코르도나차Cordonaza.
지역 따라 다양하고 사연도 많다.
태풍은 충분한 열에너지26도와 수분,
그리고 회전력이 갖춰져야 한다.
적도에서 약간 떨어진 다도해,
폭염 햇살 아래 섬과 바다, 해 진 후의 육지와 해수
섬 바람 바닷바람, 불어오고 불어간다.
강강술래 빙글빙글 돌아간다.
편서풍을 타고 한반도로 꺾여 올라온다.

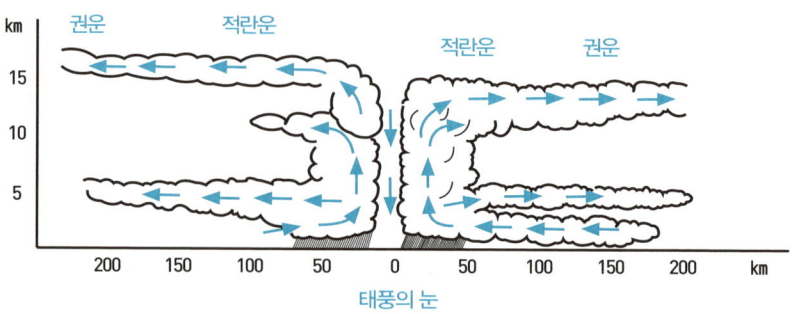

태풍은 왜 발생하는가?
적도 부근에는 에너지가 넘쳐나는데
고위도 지방에는 부족하기 그지없다.
이 불공평을 그냥 보고만 있을 수 있겠는가?

태풍, 그것은 에너지의 나눔이다.
어마어마한 작업이라 초강력 엔진을 동원하다보니
지나는 길에 한바탕 난리가 날 수밖에.

이웃 사랑의 역군 태풍
베일에 가려져 있던 그 얼굴이 드러났다.
어떤가? 허블망원경에 잡힌 은하 그대로라고.
태풍과 은하가 한 배에서 나온 쌍둥이라,
모를 일이다.

❹ 소라의 꿈, 두고 온 은하
대자연, 이 천지만물을 창조하실 적에
어떤 설계지침으로 만들었을까?
어떻게 하늘나라로 가느냐 How to go to Heaven?
불감당이다.
어떻게 하늘이 운행되느냐 How the heavens go?
그래, 그 길이다.

꽃 그리고 여인의 아리따운 얼굴
늘 보면서도 다시 보고 멋있고 예쁘단다.
왜 아름다운데?
아름다우니까 아름다운 것 아냐!
왜 아름답냐고, 그것이?

아름다움이 뭘까?
말을 잊었는지 그저 배시시 웃기만 한다.
호기스러운 눈망울을 한 채.

설악산 탕수계곡 열두선녀탕,
나무꾼과 선녀의 연이 된 사연,
두고 온 하늘나라, 아련함과 그리움.
선녀는 꿈나라로, 우주로 달려간다.
직녀 언니, 오리온 오빠,
안드로메다 어머니를 향해.

소라도 간다.
밤마다 별나라 은하나라로.
꿈이 크면 클수록, 진하면 진할수록
끝내 그 꿈은 이루어지는가?
아니면 꿈 자체로 승화되고 마는가?

그래서인지 소라의 집이 은하 모양새다.
고둥, 달팽이의 집도
고막, 바지락, 대합의 집도 같은 목수 솜씨다.

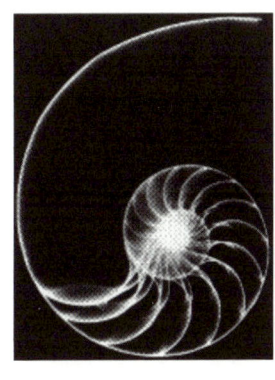

그런데 앵무조개는
닮다 못해 아예 작디작은 은하다.
이 무슨 조화인가,
더더욱 '몰라라'다.

'푸른 하늘 은하수'를 노래한다.
백합 피리로, 소라 퉁소로.

인간과 우주 그리고 과학

인생은 짧고 예술은 길다 Life is short, art is long
신라의 금관, 이집트 피라미드 Pyramid
예술과 기술을 아울러 뜻하는 아트 Art,
그래서 인생은 짧아도
기술인들의 땀과 혼이 빚어낸 걸작품은
그 생명이 길기도, 아름답기도 한가보다.
아름답다. 멋지다. 사람들은 좋아한다.
아름다움, 그 생김새가 색깔이
어찌하여 인간으로 하여금 아름다움으로

느끼게 만들까?
조물주의 기본 설계 지침 때문일까?

자연과 생명은 그 자체로도 아름답다.
그런데 카오스, 프렉탈, 유전자 등과 같이
자연은 그 자체가 너무나 복잡하게 얽혀 있어서
그 속에 감추어져 있는
미적 통일성을 찾아내기가 여간 어렵지 않다.
여기에 생각이 미치면 조개와 같은
연체동물의 패각은 인간들로 하여금
아름다운 우주의 신비를 엿볼 수 있게 하는
실마리인 것이다.

소라의 생장점을 들여다보면
황금비를 이루고 있는데
그 비가 소수점 3자리까지 같은 것이다.
무리수와 유리수가 같다는 것은
무엇을 뜻하는가?
서로 다른 세상을 하나로 되게 하려는
어떤 묵시적 계시가 아닐까?

황금비, 미인의 얼굴이 그렇고
꽃이 그렇고

물의 소용돌이가, 은하, 우주가 그러하다.
그뿐이랴, 듣기 좋은 음악이
우리의 5감, 맛, DNA 또한 그렇다.
인간은 왜 이들에서 아름다움을 느끼는 것일까?

인간, 유별나기도 대단하기도 하다.
태어난 배경을, 우주를 알려고 안간힘을 쓰고 있고
상당한 수준에 다다르고 있다.
인간은 분명 희귀종이다.
그러나 상황에 따라, 하기에 따라
멸종위기를 맞을 수도 있음을 깨달아야 한다.

요즈음의 어린이들을 보면서 미소를 머금곤 한다.
먼저 구김살이 없다. 표정도 밝고 건강하다.
재미있는 것은 두뇌 그리고 생김새다.
넉넉한 집 아이라고 다 좋고 잘생기고
그렇지 못한 아이라고 덜하고 못생기지 않다.
왜 그런지 생각 좀 해보았는가?

상대성이론에 따르면
시간이 줄어드는 것도, 공간이 줄어드는 것도
피장파장이다.
극과 극은 통한다.

우주와 양자세계는 상대적이고 불확정하며 확률로만 말해준다.

우주도, 생명도 나선이다.

원자는 맴돌이다.

제행무상, 세상에 영원이란 없다.

사람들은 받기를 기다리다 죽어간다.

우주 이치대로 먼저 주었더라면 분명 받았을 것을.

남 몰래 조그마한 선행을 베풀었는데

이때따라 자신의 기분이 좋아지는 것은 왜일까?

평안은 창의가 솟아나는 원천이다.

평안은 행복감을 안겨준다.

평안은 균형Equilibrium, 안정Stability된 상태에서 온다.

한 발 또 한 발 균형에 다가서는 가치, 진리다.

균형의 가치관을 갖게 되면 사람은 행복해진다.

우주의 에너지는 일정하다.

엔트로피는 골고루 평형으로만 가는 일방통행이다.

인간은 우주의 재료로 만들어져 있다.

우주에서 보내온 음식을 먹고, 옷을 입고, 집에서 잠을 잔다.

그렇게 우주의 품 안에서

울고 웃다가, 일하고 놀다가

생을 마치면 다시 우주로 고스란히 되돌려진다.

별 하나 나 하나, 우주를 알고 나를 알고,
우주 사랑을 안으면 나를 안을 수도 있지 않을까?
이 우주에 단 하나밖에 없는 나,
그것만으로도 귀하고 눈물 나도록 소중한 나.
순천順天해야 하고 감천感天해야 할 당위다.
세상의 이치를 앞뒤가 맞게 설명하는 것, 과학이다.

CHAPTER 07

과학기술의 과거, 현재, 미래

이승구

국립중앙과학관장 / 미국 조지워싱턴대학교 과학기술부 연구위원

대통령 과학기술자문위원회 위원 / 현) 교육과학기술부(국립중앙과학관)운영심의회 위원장

현) 한국기술경영연구원 원장

나는 이공계 대학을 졸업하고 정부에서 30여 년간 과학기술 행정을 해왔다. 과학기술정책, 원자력, 자원 에너지 등 각 분야의 정책기획, 연구개발, 관리지원 업무 등을 수행하는 과정에서 여러 분야의 자료와 지식을 접하고 고위 과학자들과의 접촉을 통해 신기술·신상품의 개발 등 더 나은 우리의 미래를 위해 많은 일을 해온 데 대해 자부심을 느낀다.

따라서 비록 짧은 특강이지만, 내가 보고 듣고 느낀 경험을 토대로 과학기술이 우리의 과거, 현재, 미래에 미치는 영향에 대해 여러분과 같이 생각해볼 수 있는 기회를 갖고자 한다. 왕성한 지식을 습득하고 있는 청소년 초·중·고등학생 여러분이 미래를 설계하는 데 조금이나마 도움을 주고 싶은 것이 나의 바람이다.

오늘의 강의는 지난 50년간의 우리 현대사를 중심으로 3단계로 나누어 진행하고자 한다.

첫째, 과학기술의 발전과 우리 사회의 변화와 관련해 지난 50년간 과학과 기술이 우리 사회를 얼마나 변화시켰는가 하는 것이다. 50년 전 나의 중·고등학교 시절과 학생 여러분의 주변환경의 차이를 함께 생각해보고, 당시 세계 최빈국이었던 우리나라가 세계 10위권의 경제대국이 되기까지 무엇이 어떻게 달라졌나를 설명하고자 한다.

둘째, 미래 과학기술이 우리의 삶과 환경을 어떻게 변화시켜나갈 것인가에 대해 같이 생각하고 토의해보고자 한다.

셋째, 학생 여러분이 지금 무엇을 어떻게 배우고 준비해야 할 것인가에 대해 논의해보고자 한다.

본론에 들어가기에 앞서 청소년들에게 꼭 들려주고 싶은 이야기가 있다. 과학기술은 호기심, 궁금증, 신기한 느낌과 상상력을 기초로 관심을 가지게 되고 개발, 발전된다. 여러분은 사고가 성숙되지 못한 어렸을 적부터 현실과는 동떨어진 여러 가지 꿈도 꾸고 상상도 해본 경험이 있을 것이다. 자아에 대한 인식이 불완전한 어린 시절에는 현실과 관계없는 바람들이 꿈이나 상상으로 나타나게 되며, 점차 지식이 축적되어 자아에 대한 판단능력이 발전되면서 꿈과 상상은 어느 정도 현실여건에 반영되고 점차 그 폭이 좁아진다. 그리고 청년이 되면 이상과 꿈을 가지게 되고 인생의 목표를 설정하게 된다.

복잡하고 다양한 현대 과학기술은 논의에서 제외해도 자연은 신비함으로 가득 차 있다. 한여름 밤에 누워 하늘을 바라보면 수많은 별들이 가득 차 있고, 그 별들 가운데 하나인 태양계 내의 조그만 생명의 푸른 별 지구는 살아 움직이며, 지구 어디를 가든 뭔가 신비한 동식물 등 생명현상이 꿈

틀거리고 있다.

이러한 현상에 대해서는 태초에 원시 수렵생활을 하던 우리 조상들도 똑같이 경외감_{존경과 두려움}을 느꼈을 것이고, 인간으로서 어쩔 수 없는 신의 영역으로 보고 신앙을 가지는 계기가 되었을 것이다.

과학은 우주탄생에서부터 오늘의 세계까지 시간과 공간의 문제를 밝히기 위해 논리적 체계를 세우고 실증해서 본원적 문제에 대한 궁금증을 풀어주는 역할을 했다.

원로과학기술인 봉사단의 일원으로 초·중·고를 순회하며 특강에 참여해오면서 학생들에게 과학관에 가본 적이 있는지를 묻곤 하는데, 과학관에 가본 학생이 예상보다 많지 않다는 사실에 놀랐다. 나는 학생들에게 대전의 국립 중앙과학관이나 국립 과천과학관을 꼭 방문해 우선 자연사관과 천체관을 보기를 권유한다. 이는 균형 잡힌 우주관이나 세계관을 가질 때 자기 존재에 대한 근원적 의문을 해소하고 심리적 안정을 찾을 수 있기 때문이다.

과학기술은 우주나 자연의 본원적인 문제뿐만 아니라 인간의 삶이나 생활 자체에도 과거 역사, 현재의 경제, 사회문화, 모든 예술 분야에 걸쳐 막대한 영향을 끼쳐왔으며, 미래는 과학기술 그 자체라고 할 만큼 인간 생활의 엄청난 변화를 예고하고 있다. 이제 본론으로 돌아가보자.

과학기술의 발전과 우리 사회의 변화

반세기 전 나의 초등학교 시절은 대한민국 건국 초기로서 일본의 식민지배와 뒤이은 6·25동란으로 우리나라는 세계에서 가장 못사는 나라였다.

1960년까지 국민소득은 100달러 이하였으며, 농민이 전 국민의 70%에 달하는 농업국가였으나 식량이 자급되지 못해 외국의 식량원조를 받았으며, 보리수확 때까지 국민의 굶주림을 해소하는 것이 중요한 사회적 이슈가 되기도 했다. 주거시설은 서민층의 대부분이 소규모 초가집으로 환경이 매우 열악했고, 국민의 절반 이상이 한글을 제대로 읽고 쓰지 못하는 문맹이었다. 그 당시 국내 경제는 생필품 중심의 소규모 기업활동이 중심이었으며, 수출산업은 텅스텐 등 일부 광업과 가발이 주축을 이루었다.

❶ 1960~70년대

나의 고등학교 재학 시절은 군사정부에서 경제개발계획이 본격화한 시기로 1980년대 1,000달러 소득, 100억 달러 수출이라는 목표 아래 경공업이 발전되고 중화학공업 건설이 시작되었다. 농업에서는 농지개량 및 생산량이 좋은 통일벼 재배를 통해 식량자급 여건이 마련되었으며, 경제개발계획에 따라 대학입시에서 화학공학과 및 기계공학과 등에 우수한 학생이 집중적으로 지원하고, 외국의 우수 과학기술자를 유치해 KIST 등 정부 출연 연구기관이 설립되기 시작했다. 또한 경부고속도로 등 사회기반시설이 확충되고 제철 · 조선 · 정유산업이 본격적으로 시작되었다.

이 시기의 정부는 국민의 자유와 인권이 어느 정도 제한되는 비정통성의 군사정부였지만 산업 및 과학기술의 근대화와 경제발전에는 크게 기여한 것으로 평가되고 있다.

❷ 1980~90년대

선진과학사회 진입기라고 할 수 있다. 경제개발계획이 가속화됨으로써 섬유산업이 쇠퇴하고 중화학공업이 본격화했으며, 국민소득이 획기적으로 향상되고(2만 달러 목표) 의식주가 완전히 해결되었다. 또한 컴퓨터, 휴대폰 등 정보산업의 발전으로 삼성전자, LG전자 등 세계 초일류기업이 탄생했다.

❸ 2000년대

지식정보화 사회가 본격적으로 도래한 시기라고 할 수 있다. 전자산업의 발달은 그동안 외국에 의존하던 중화학공업이나 각종 건설산업의 기본설계 부분을 완전 자립화하는 계기를 마련했으며, 민주화가 계속 이루어지면서 개인의 능력과 삶을 중시하는 선진국가로 발돋움하게 되었다.

이를 종합해보자면, 우리나라는 1945년 독립한 140개 비서방국가 가운데 근대화에 성공한 나라가 되었다. 우리는 반세기 만에 세계 최빈국에서 중진국을 거쳐 선진국에 진입했으며, 국민소득은 1956년 67달러에서 2008년 2만 달러 수준으로 초고속 성장을 이루었다. 전자, 조선, 철강, 자동차 등 산업기술은 고도화하고 정보화 부분은 최선진국 수준이 되었으며, 고등교육기관의 재학생 비율과 세계 유학비율은 세계 2~3위에 해당한다. 이러한 국가발전에 힘입어 자유, 민주주의, 인권신장의 수준은 이웃 일본이나 싱가포르보다 앞선 것으로 평가되고 있다.

여기에서 우리나라에도 몇 번 다녀간 바 있는 미래학자 앨빈 토플러Alvin Toffler의 『제3의 물결The Third Wave』을 간략히 소개하고자 한다. 앨빈 토플러는 인류의 문명을 다음과 같이 세 가지의 큰 물결로 이해했다.

▶ 제1의 물결은 농업혁명

원시수렵 사회에서 농업기술의 습득이 인류에게 혁명적 변화를 가져다준 것으로 보았다. 이것은 인류가 일정지역에 거주하게 되는 계기를 만들었고, 씨족사회가 부족사회, 고대국가로 발전하는 계기가 되었으며, 끝없는 영토확장을 위한 투쟁의 역사를 만들었다. 또한 초기 석기시대에서 청동기시대, 철기시대로 발전의 계기를 만들어준 것으로 보았다.

▶ 제2의 물결은 산업혁명

17세기 르네상스 시대를 거쳐 증기기관의 발명은 인간이 하던 일을 기계가 대신하게 해주었으며, 수공업에서 대량생산체제로 전환하는 산업사회를 이룩하게 한 것으로 보았다.

▶ 제3의 물결은 정보화혁명

불과 수십 년 전에 개발된 컴퓨터의 발달로 특정인이나 집단이 보유하고 있던 모든 정보가 공개되고 개인의 경쟁력이 중시되는 결과를 가져왔다. 산업은 산업사회의 특징인 공급자 중심의 대량생산체제에서 수요자 중심의 소량다품종생산으로 변화하는 계기를 만들었고, 국경의 개념이 희미해져 궁극적으로는 세계가 한 지붕 아래 자유롭게 오갈 수 있는 개념이 발전할 것으로 보았다.

지금까지 과학기술을 기반으로 우리 사회가 반세기에 걸쳐 이룬 변화에 대해 설명해보았다. 이를 토대로 몇 가지 시사점에 대해 논의해보고자 한다.

첫째, 지난 반세기간의 사회환경 변화에서 가장 먼저 생각할 수 있는 화두는 문명과 컴맹이다. 해방 이후 여성들은 대부분 전업 가정주부였고, 일부 엘리트층이 있었지만 대부분은 한글을 읽고 쓰지 못하는 문맹이었다. 남성들 가운데 일반노동자 그룹도 이에 속하는 경우가 많았다. 지금 이에 비견할 수 있는 것은 컴맹일 것이다. 컴퓨터나 인터넷, 스마트폰 등을 제대로 다루지 못한다면 50년 전의 문맹 이상으로 일상생활에서 불편을 겪게 될 것이다.

요즘은 어린이들도 초등학교 취학 전에 한글은 물론 게임 등을 통해 컴퓨터를 익혀 자기 수준에 맞는 운용능력을 갖춘다. 문제는 컴퓨터나 인터넷 문명이 일상에 들어온 지 얼마 안 되었기 때문에 장년층·노년층은 이의 활용에 서툴러 컴맹 문제가 생겨났고, 생활에서 여러 가지 어려움을 겪고 있다는 점이다.

둘째, 지금 세계에는 원시농업국가Under development country·저개발국, 산업화국가Development country·개발도상국, 민주정보화국가Developed/Advanced country·선진국가가 공존하고 있다. 앞에서 언급한 대로 우리나라는 선진 유럽국가 등이 수백 년간 이룩한 업적을 반세기 만에 이룩한 유일한 나라다. 그런데 우리 세대는 열심히 일해서 이를 이루었다는 자부심은 있으나 삶의 질적인 면에서는 그리 행복하지 못했던 세대라고 할 수 있다. 여러분은 우리 세대와 비교할 수 없을 만큼 매우 좋은 환경에서 태어나 무한한 미래가 열려 있음을 알아야 한다.

앞으로 무엇이 어떻게 변화될 것인가

어느 수준까지 과학기술이 발전하고 인류사회를 변화시킬 것인가? 이를 위해서는 미리 생각해보아야 할 몇 가지 사안이 있다.

첫째, 20세기 후반 인류문명에는 그 이전 수백 년간 일어난 변화와 발전보다 더 큰 변화가 일어났으며, 그 중심에는 과학기술이 있었다. 21세기의 변화속도는 우리의 상상을 초월할 것으로 본다.

둘째, 이미 예견한 바 있는 고령화 사회의 진전이다. 우리나라의 평균수명은 1940년대 40세에서 2010년 80세남자 77세, 여자 83세로 늘어났으며, 매년 2년씩 늘어나는 추세다. 여러분의 수명은 100~120세로 예상되며, 앞으로 100년 이상 생존해 있을 것으로 예측된다.

셋째, 지구촌시대에 걸맞게 세계화가 가속화할 것이라는 점이다. 이와 관련하여 EU통합과 WTO, FTA 등 경제사회적으로 많은 부분이 진행되어 왔고, 개인의 창의와 능력이 중시되어 국경을 초월하는 전문직업군이 각광받는 시대가 도래할 것이다.

넷째, 과학기술은 5TIT, BT, NT, ET, CT 등 분야 간 융합의 형태로 발전할 것이고, 당분간은 기초 원천기술 개발노력과 함께 생명과학기술Bio Technology이 각광받을 것이다.

이러한 시사점을 토대로 과연 과학기술은 어디까지 발전할 것이고, 인류사회를 어떻게 변화시킬 것인가에 대해 논의해보자.

우리는 이미 지식정보화 사회에 깊숙이 들어와 있다. 우리나라의 경우를 보아도 정보산업은 이미 국민총생산의 20% 이상을 점유하고 있고, 수출도 총수출액의 30%를 넘어서고 있다.

지난해 말 우리나라에 도입된 스마트폰은 이미 판매량이 200만 대를 넘어섰고, 2012년까지 2,000만대를 넘어설 것으로 예상하고 있다. 현재 개발 중인 탄소나노튜브칩이 완성되면 컴퓨터나 스마트폰을 종이처럼 접어 수 첩에 넣어 가지고 다닐 시기도 머지않을 것이다.

수많은 미래학자들이 다음 시대는 생명공학시대임을 예고하고 있다. 우리나라의 대기업들도 이미 생명공학 분야에 뛰어들어 거액을 투자하고 있는데, 2040년경에는 생명공학에 의한 국민총생산이 IT산업을 능가할 것으로 예측하고 있다.

그렇다면 2050년 이후 2100년경에는 어떤 시대가 올 것인가? 아직 확실한 것은 아니지만 지능형 로봇시대, 우주개발이 본격화하는 시대가 올 가능성이 있다. 지금까지는 로봇이 기계의 자동화나 기계를 운용하는 인간을 대행하는 일까지 하고 있으나 앞으로는 인간이 하는 일 자체까지 로봇이 대행하게 된다는 것이다.

이러한 긍정적 측면 외에 부정적 측면도 생각해야 한다. 기후온난화 문제, 50만 년 주기의 대빙하기와 10만 년 주기의 소빙하기에 대비한 인류의 생존문제 등에 대해 과학기술이 해결책을 제시해야 한다. 나는 앞으로 확실히 도래할 생명공학시대까지 생존이 가능하지만, 여러분은 향후 100년을 지내야 하는 만큼 더 멀리까지 예측, 대비해야 하지 않을까 생각한다.

미래사회에 대비해 무엇을 해야 하는가

다음 세 가지 능력을 갖추어나갈 것을 권한다.

첫째, 지구촌시대에 걸맞은 언어소통 능력을 갖추는 것이다. 국어, 영어는 물론 제2, 제3외국어의 기초 정도는 알아야 한다.

둘째, 지식정보화 시대에 필요한 정보를 수집 · 분석 · 가공하는 능력이 필수적이다. 적성에 맞는 특수 분야를 선택해 전문성을 키우고 다양한 분야의 지식을 이해하고 접목시킬 수 있는 능력을 갖추어야 한다. 이와 관련해서는 빌 게이츠의 저서 『생각의 속도』 가운데 다음 한 구절을 인용하고자 한다.

"나에게는 단순하지만 강한 믿음이 있다. 정보를 탁월하게 이용하는 것이 경쟁사로부터 자기 회사를 차별화하는 가장 의미 있는 방법인 동시에 일반 대중과 자신의 거리를 벌리는 최선의 길이라는 믿음이다."

셋째, 건강증진과 취미활동, 각종 문화예술 등 여유로운 시간의 활용과 삶의 질을 높일 수 있는 능력도 갖추어야 한다.

마지막으로, 그렇다면 지금 이 시점에서 어떤 분야를 선택할 것인가 하는 문제가 향후 여러분의 인생을 좌우할 중요하고 고민스러운 과제라고 본다. 대학입시 진학 내용을 보면 우수학생의 경우 학업성취도에 따라 인문계는 법대 · 상대 · 인문사회계 순서로 지망하고, 문화예술계는 아마 중학교 재학 이전부터 어느 정도 선택의 방향이 잡혀 있을 것으로 생각한다.

전문 분야를 선택할 때는 무엇보다 관심과 흥미, 적성이 고려되어야 한다. 인문계를 선택할 것인가, 이공계를 선택할 것인가에 대해 나의 경험에서 나온 생각을 말하자면, 감수성이나 상상력이 높은 학생은 이공계를 택하고 사람 간의 관계나 대화에 더 흥미가 있는 학생은 인문사회계를 택하는 것이 바람직하다고 생각한다.

앞으로 펼쳐질 우리의 미래사회를 생각할 때 창의성 있는 인재에게는 본인의 적성에 따라 이공계나 예술계를 권하고 싶고, 법대 · 상대 · 의대는 차순위에 두고 싶은 것이 나의 바람이다.

고등학교 1학년 학생은 각 개인의 적성을 토대로 계열을 선택하고, 고등학교 3학년 학생은 인생의 목표를 구체화해서 관련학과를 선택해야 한다.

무엇보다도 중요한 점은 자신이 선택한 전문 분야와 직업이 흥미와 적성에 맞아 열정을 갖고 즐겁게 일할 수 있도록 해야 한다는 점이다.

여러분이 확실한 꿈과 목표를 세워 앞을 향해 힘차게 달려가기를 바란다.

CHAPTER 08

과학기술, 우리의 미래

권오갑

주미 한국대사관 과학참사관 / 과학기술처 기술협력국장, 기초연구조정관, 기술정책국장
과학기술부 차관 / 한국과학재단 이사장 / 한양대학교 석좌교수 / 국방과학연구소 이사
현) 서울대 공대 객원교수 / 한국나노소자팹연구센터 이사장 / 현) 카이스트 총장 자문위원

우리 경제와 과학기술의 역할

우리나라 경제는 지난 반세기 동안 괄목할 만한 성장을 기록했다. 1960년 단 79달러에 불과했던 1인당 GDP는 1995년 11,432달러를 기록했고, 2009년에는 17,175달러를 거쳐 2010년에는 2만 달러를 넘어섰다. 또한 2011년에는 무역규모가 1조 달러를 넘어서면서 무역대국으로서의 위치를 확고히 할 것으로 생각된다. 세계경제사에서 무역 1조 달러를 달성한 나라는 미국1992, 독일1998, 중국2004, 프랑스2006, 영국·이탈리아·네덜란드2007 등 7개국에 불과하다.

1960년대 초 우리의 기술수준은 미국대사관 건물과 장충체육관을 건설하는 데도 필리핀 등 외국 회사의 힘을 빌려야 할 만큼 매우 낮았다. 그 점을 감안하면 반세기 만에 개도국에서 일약 선진국 반열에 오른, 그것도 산업화와 민주화를 동시에 이룬 한국 경제의 저력은 그동안의 높은 교육열과 값진 땀에 기인한다고 볼 수 있다.

그러나 지난 1995년 국민소득 1만 달러를 달성한 이후 15년째 그 수준에서 정체현상을 보이는 것은 노동, 자본 등 생산요소 투입 위주의 경제성장의 한계를 보여준다. 활주로를 달리며 높푸른 창공으로의 이륙을 앞둔 항공기처럼 새로운 성장의 가속도가 필요한 시점인 것이다.

그동안 이뤄낸 한국 경제의 성장배경을 보면 과학기술이 핵심산업의 성장을 견인하는 주도적 역할을 한 것이 주효했다고 볼 수 있다.

조선산업의 경우 1970년대 초부터 관련산업의 육성과 연구소의 설립, 대학의 인력양성 공급 등 정부 주도의 기반을 조성하면서 민간의 연구개발을 촉진하고 생산기술을 확보한 결과 세계시장 1위의 경쟁력을 일구어 냈다. 또한 반도체산업은 1980년대 이후 정부의 공동연구전략과 기업의 혁신적 연구에 힘입어 오늘날 메모리 시장 점유율 45% 이상의 세계시장을 석권하면서 자동차와 함께 수출을 주도해왔다. 휴대폰도 1990년대 들어 CDMA 기술개발에 힘입어 국내시장을 기반으로 세계시장에서 2위를 점유하고 있다. 아울러 정부, 민간의 유기적 협력과 역할 분담으로 디스플레이산업, 철강산업 등이 세계시장의 개척에 박차를 가하고 있으며, 특히 최근 들어 UAE에 원전수출 및 요르단에 연구용원자로를 수출한 일은 우리 산업기술사에 커다란 획을 긋는 쾌거라 할 수 있다.

이러한 성과는 그동안 1970년대의 노동·자본 위주의 경제개발 성장방식에서 탈피하면서 최근 기술혁신이 경제성장에서 차지하는 비중이 45% 이상이 되는 등 기술주도 정책에 힘입은 바 크다. 이에 따라 수출산업도 첨단제품화해서 수출 상위 20개 품목을 보면 1970년대 후반에는 4.8%만이

고가품이고 47%가 중저가 품목이었던 데 반해 2000년에는 고가품이 43%로 늘어났다.

국내외 과학기술 환경

이러한 경제적 성과에도 불구하고 우리를 둘러싼 대내외 환경은 결코 만만치 않다. 국제적으로는 미국과 유럽의 금융위기가 다소 진정되는 듯하다가 다시 유럽에서 위기가 고조되면서 이에 따른 설비투자 및 R&D 투자 감소와 실업률의 증대가 현안과제로 대두되고 있다. 또한 선진국 간에 경쟁과 협력이 이루어지는 가운데 전기자동차 개발경쟁, 반도체 특허소송, 미·중·일 간의 환율분쟁과 영토분쟁 등 상호갈등과 견제가 확산되고 있다. 또한 중국 등 후발국들이 급성장하는 가운데, 특히 중국은 실질적인 G2로서 수년 내에 반도체, 철강, 자동차 등에서 우리의 수준을 추월하기 위해 노력을 배가하고 있다. 국내적으로는 G20 정상회의의 개최로 우리 국력을 한 단계 높이는 역사적 전기를 마련했으나 북한의 천안함 격침, 연평도 포격사건 등으로 인한 남북관계의 경색이 우리 경제에 상당한 먹구름을 드리울 가능성도 있다.

우리 경제는 침체기를 벗어났으나 그동안 축적된 연구개발 투자는 선진국에 크게 뒤져서 2008년의 경우 미국의 1/12, 일본의 1/5 정도에 불과했고 정부의 투자도 전체의 25% 정도에 불과했다. 우리의 과학기술 수준을 살펴보면, IMD가 평가한 경쟁력은 과학 4위, 기술 18위로 비교적 우수하다. 또 SCI 논문수는 38,651편으로 세계 12위, 특허는 세계 4위를 기록하고 있지만 SCI 논문의 피인용 횟수에서는 세계 30위인 3.47로 세계 평균

4.77에 크게 뒤진다. 아울러 기술 무역수지 측면에서도 점차 개선되고 있기는 하나 0.45에 불과하다.

더 나아가 우리 경제의 미래를 어둡게 하는 것은 저출산·고령화사회의 급진전이다. 한국의 출산율은 1995년 1.65명에서 2009년 1.15명으로 추락했고, 평균건강수명의 증가로 2000년에 이미 65세 이상 인구가 전체인구의 7%를 차지하는 고령화사회에 진입했으며, 2018년에 고령사회, 2026년에 초고령사회에 진입해 OECD 국가 가운데 가장 늙은 국가가 될 전망이다.

이러한 환경 하에서 우리나라가 경제발전을 지속하고 삶의 질을 향상하기 위해서는 어떤 전략이 필요한가? 이 난제를 극복하기 위해서는 무엇보다도 과학기술에 대한 투자와 창의적 인력개발의 양성이 그 어느 때보다 중요하다. 빌 게이츠는 어려운 때일수록 과학기술에 투자하면 더 좋은 미래를 약속할 수 있다고 말했다. GE의 제프 이멜트 회장도 불황기일수록 연구개발을 강화하는 것이 중요하다고 강조했고, 미래학자 피터 드러커도 경제성장의 원동력이 노동과 자본에서 지식과 기술로 전환하고 있음을 지적한 바 있다.

정부정책 들여다보기

정부는 첫째로 국가 총연구개발투자를 GDP 대비 5%까지 확대해 주력 기간산업 기술을 개발하고 기초원천 연구투자를 정부예산 대비 50%까지 확대해나가며, 국가 R&D 기획과 총괄조정을 위한 행정기구로서 국가과학기술위원회의 설립을 추진하고 있다.

둘째, 미래 신성장동력의 발굴·육성을 위해 녹색기술 산업, 첨단융합 산업, 고부가 서비스 산업 등 3대 분야의 17개 신성장동력 기술을 개발하고 있다. 여기에는 이산화탄소를 저감시키는 탄소저감 에너지, 신재생에너지, LED 응용, 그린수송 시스템, IT 융합기술, 신소재, 나노 융합기술, 바이오 제약기술 등이 포함된다. 특히 바이오제약은 첨단 생명공학 기술에 의해 DNA, 단백질, 세포 등 생명체 관련소재로 만들어지는 의약품으로서 연구개발부터 약의 유효성, 안전성 등에 관한 임상실험을 거쳐 시판허가가 날 때까지 장기 15년이 걸리고 평균 소요비용도 1조 원을 상회하므로 장기적인 모험투자와 안전성의 확보가 필요하다.

셋째, 창의적인 과학기술 인재의 양성이다. 우리나라 대학졸업생 가운데 이공계 비율은 40%를 상회해 미국 18%, OECD 26%에 비해 이공계 학생 수는 많으나 수준 높은 학생의 유치와 질 높은 과학교육의 강화가 커다란 과제로 대두되고 있다. 이를 위해 이공계 학생에 대한 지원을 확대하고 전주기적 과학영재 육성지원체제를 구축해 초등학교 이전부터 초·중·고 단계, 대학 단계, 사회진출에 이르기까지 과학영재교육원, 영재학교, 과학고등학교, 대통령과학장학생 등 제반 지원제도를 강화하고 있다.

넷째, 과학문화의 창달 확산이다. 몇 년 전의 조사에 따르면 우리나라 국민의 과학기술에 대한 관심도는 30% 정도로서 미국의 48%에 비하면 매우 낮은 수준이다. 또 OECD가 2009년에 실시해 최근 공개한 65개국 15세 학생들의 학업성취도 평가PISA에 따르면 처음으로 상하이-중국이 수학·과학 분야에서 1위를 차지했고, 우리나라는 수학에서 3~6위, 과학에서 4~7위를 유지해 상위권을 차지했다.

그러나 학생들의 흥미도 평가에서는 수학 40위권, 과학 30위권으로 매우 저조한 수준을 보였다. 이는 학업성취는 우수하나 과학의 생명이라 할 수 있는 관심도, 호기심 차원에서는 문제점을 드러낸 것으로 우리 과학교육의 현실을 그대로 보여준다. 이에 따라 과학기술에 대한 국민의 이해를 촉진하고 초·중·고 과학교육을 더 흥미 있고 창의적인 방향으로 개편하기 위해 한국과학창의재단을 중심으로 과학교과목의 개편, 과학교사 연수, 과학기술 앰배서더제도의 강화, 과학관 확충을 통한 과학기술 전파활동의 사회 저변 확대를 강화해나가고 있다.

다섯째, 과학기술인의 사기진작을 위해 높은 성과를 내는 우수 과학기술인에 대한 기술료 수입 인센티브의 격상, 직무발명 보상제도의 개선 등을 강화하고 젊은 과학기술인에 대한 이공계 병역특례제도를 개선해 전문연구요원을 확대하고 복무기간을 3년으로 단축했다. 또한 연구원 정년제도 개선과 연금제도 확립을 위한 개선방안을 강구하고 있다. 특히 여성과학자의 사기진작 차원에서 2002년 여성과학기술인 육성 및 지원에 관한 법률을 제정한 이래 여성과학기술인 지원센터의 설치·운영, 여성과학기술자 시상제도의 확대, 여성과학기술인 채용목표제를 정부와 공공기관에 도입해 운영하고 민간에도 권장, 확대하고 있다.

여섯째, 거대과학 분야라 할 수 있는 원자력과 우주개발이다. 우리나라에는 현재 20기의 원자력발전소가 가동되고 있으며, 발전량의 40%를 담당하고 있다. 2009년 말 계약된 UAE 원전수출은 지난 1979년 턴키베이스 방식으로 고리 원자력발전소를 가동한 이후 30여 년간 축적한 우리 원자력기술의 쾌거라 할 수 있다. 원전은 폐기물 등 안전성만 확보된다면 기후변화에 대응할 가장 적합한 에너지원이라 할 수 있다. 그러나 북한 핵문제 등 핵의 평화적 이용을 가로막는 활동에 대한 국제사회의 일치된 컨센서

스의 확보가 무엇보다 필요하다.

우주개발사업은 "우리가 만든 위성을, 우리 땅에서, 우리 발사체로!" 쏘아 올리자는 목표 아래 전남 고흥에 나로우주센터를 건설하고 러시아와 위성체 발사 협약을 체결해 추진했으나 2009년, 2010년 인공위성발사 시험에 연이어 실패하고 2011년에 3차 발사를 앞두고 있다. 과학기술, 특히 우주기술은 이처럼 수많은 실패 속에 이루어지며, 역경과 실패를 딛고 도전하는 용기 속에서 자주적 기술개발이 가능하다.

일곱째, 과학기술의 사회적·윤리적 책임을 강화하는 것이다. 지난 2005년 황우석 교수 사태 이후 우리 과학기술계는 과학기술의 윤리적·사회적 책임을 다시 한 번 절감하게 되었다. 그동안 우리 사회가 추구해온 성과 위주의 빨리빨리 문화의식을 척결하고 논문 하나하나에서 철저한 연구윤리와 진실성을 검증하는 계기가 마련되었다. 더 나아가 우리 사회 전반에도 정치인, 각료의 인사청문회 등을 통해 엄정한 윤리의식이 확산되고 있다.

과학기술자의 꿈★은 이루어진다

세상에는 수많은 직업이 존재한다. 선진국인 미국에는 3만 개, 일본에는 2만 개, 우리나라에는 1만 7천여 개의 직업이 있다고 한다. 앞으로 사회가 지식정보화할수록 직업은 더욱 다양해지고 수도 늘어날 것이다.

일반사회 분야의 직업으로는 공무원, 교육자, 법조계, 연예인, 스포츠맨 등이 있으며, 이른바 순수 이공계 전문직 분야로는 정보통신, 기계금속, 소재 분야, 항공우주, 컴퓨터 프로그래머, 생명공학, 원자력, 환경 등이 있다.

최근 이공계 기피현상으로 이공계가 다소 위축된 것은 사실이지만 그동안 정부, 민간의 꾸준한 노력에 힘입어 이공계는 인문사회계에 비해 평균 취업률이 높고, 직장 내에서 승진도 잘되며, 봉급수준도 높은 편이다. 이는 무한경쟁시대에 정부와 기업의 기술 중시 트렌드에 따라 전문기술과 지식을 보유한 이공계 출신이 다른 직종에 비해 중시되기 때문이다. 특히 이공계 학생들에 대해서는 대학의 장학금지원, 졸업자를 위한 다양한 취업지원, 이공계 학생을 대상으로 한 병역특례 혜택뿐만 아니라 학교별로도 다양한 지원대책을 실시하고 있다.

젊은이들은 이러한 상황을 거울삼아 미래에 대한 꿈과 희망을 갖고 확실한 비전을 설정해야 한다. 우선 유행을 좇기보다는 20~30년 앞을 내다보아야 한다. 억지로 이공계를 택할 필요는 없고, 미래에 대한 비전과 자신의 가능성 등을 감안해 신중하게 결정할 필요가 있다. 지금도 여전히 법조인이나 의사 등 이른바 '사士'자 직업이 선망되고 있지만, 일부는 이미 쇠락조짐을 보이고 있다. 이공계는 특성상 직업을 가지는 순간 대부분 전문가 대열에 합류하게 되며, 졸업 후에는 MBA 진출, 금융분석가 등 다양한 분야로 진출할 수 있다는 장점도 있다.

과학기술자의 활동은 진실에 대한 끝없는 창의적 도전이며 결국 자신과의 싸움이라 할 수 있다. 이 과정에서 과학과 기술의 융합, 인문사회과학과 자연과학의 융합화 현상 속에서 인문사회적 소양도 풍부하게 갖춰야 한다. 기술경영, 연구관리 등 경제와 경영, 법학적 마인드도 갖추고 풍부한 외국어 실력도 쌓아야 할 것이다.

최근에 나온 주요 CEO들의 성공담을 보면 대부분 특별히 머리가 좋거나 처세술이 뛰어나서 성공한 것이 아니라 남보다 부지런하고 창의적이며 온몸을 던져 일에 매달린 결과였으며, 그들을 괴롭힌 것은 바로 나약한 의지였다는 것을 깨닫게 된다. 우리 과학기술자의 꿈과 희망은 곧 나라의 경쟁력이라는 사실을 다시 한 번 상기하자.

CHAPTER **09**

우리 모두 과학영웅이 되자

최석식

영국 맨체스터대학교 대학원 과학기술정책학과 석사

성균관대학교 대학원 행정학 박사 / 대통령 과학기술비서관 과학기술 차관

한국과학재단 이사장 / 한 · 미 과학협력센터(KUSCO) 이사장

한국정책학회 (운영)부회장 / 현) 전북대학교 과학학과 석좌교수

현) 건국대학교 기술경영학과 석좌교수 / 현) 재단법인 바이오신약장기사업단 이사

우리 시대의 영웅들

우리 모두는 잠재적으로 영웅이 되기를 원한다. 반드시 영웅은 아니더라
도 최고를 지향한다. 자신이 종사하는 분야에서 우뚝 솟는 사람이 되고자
한다. 사실 우리 주변에는 청소년들이 우상으로 떠받들고 추종하는 사람
들이 많다. 스포츠계의 스타들이 가장 빛난다. 김연아 선수는 2010년 2월
에 열린 밴쿠버 동계올림픽 여자 피겨스케이팅에서 228.56의 세계 최고점
수로 금메달을 획득했다. 그녀는 2010년 미국 시사주간지 〈타임〉이 선정
한 올해의 100인 중 영웅 부문 인사로 선정되기도 했다.

2010년 6월 남아공월드컵에서 우리나라 축구대표팀은 사상 첫 원정 16
강을 달성하는 쾌거를 이루었다. 박지성을 비롯한 23명의 태극 건아들은
온 국민의 사기를 하늘 끝까지 올려준 영웅들이다. 또 2010년 9월 26일 17

세 이하 여자 월드컵축구대회에서는 우리의 예쁜 딸들이 우승을 차지했다. 이는 세계축구협회FIFA가 주관하는 대회에서 획득한 첫 번째 세계 타이틀이었다.

미국여자프로골프협회의 '명예의 전당'에 헌정된 박세리 선수도 분명 우리 시대의 영웅이다. 그녀를 따르는 '박세리 키즈'들도 영웅의 대열에 합류하고 있다.

또한 미국 메이저리그에서 아시아 투수 최고의 승수를 쌓은 박찬호 선수, 2008년 북경올림픽을 빛낸 수영의 박태환 선수와 역도의 장미란 선수, 1992년 바르셀로나올림픽 마라톤에서 월계관을 쓴 황영조 선수도 빼놓을 수 없는 영웅이다.

연예계는 더 많은 스타들로 가득하다. 한류 열풍을 일으킨 배용준과 이영애, 안방에 웃음을 주는 강호동과 유재석은 물론 슈퍼스타K 2에서 우승을 차지한 허각도 최근에 돋보이는 영웅이다. 중학교를 졸업하고 환풍기 수리를 하던 허각이 134만 명이 겨룬 슈퍼스타K 2에서 1등을 차지해 일약 스타의 반열에 오른 것은 어려운 삶 속에서 미래를 준비하는 청소년들에게 생생한 본보기가 될 것이다. 특히 허각은 평범한 사람이 자신이 좋아하는 분야에서 열심히 노력해 영웅이 된 경우다.

정치계는 영웅지망자들로 가득하지만, 정치영웅에 등극한 사람은 많지 않다. 필자는 주저하지 않고 김구 선생과 박정희 전 대통령, 김대중 전 대통령과 반기문 유엔사무총장 등을 정치영웅으로 꼽는다. 특히 김대중 전 대통령은 2000년 한민족 최초로 노벨평화상을 수상해 세계적인 지도자가 되었다. 반기문 유엔사무총장은 세계 최정상의 정치·외교인이 되었다. 실로 한민족 역사에 기록될 영웅임에 틀림없다.

경제계의 영웅들은 우리나라를 세계 10대 경제대국으로 발전시켰다. 정주영 현대창업자, 이병철 삼성창업자, 구인회 LG창업자, 최종현 SK창업자, 박태준 포스코 초대사장 등은 역사적으로 길이 존경받을 표상적 경제영웅들이다.

군인영웅으로는 우리나라를 일본의 침략으로부터 지켜낸 조선의 이순신 장군, 수나라 대군을 물리친 고구려의 을지문덕 장군, 거란군의 침입을 격퇴한 고려의 강감찬 장군 등이 꼽힌다.

과학기술계의 영웅도 기억하자

과학기술은 인류문명의 변화를 촉진하는 원동력이다. 우리나라의 경제발전도 결국은 과학기술에 힘입은 바 크다. 그 뒤에는 묵묵히 연구개발에 전념한 과학자들이 있었다. 그들은 우리가 찾아서 기억해야 할 보배로운 영웅들이다. 수많은 과학영웅들 가운데 '과학기술인 명예의 전당'에 헌정된 과학기술자 27명을 소개해보려 한다. 국립과천과학관에 그들의 업적이 전시되어 있다.

연대순으로 맨 앞자락에는 고려시대에 우리나라 최초의 화약과 화약무기를 개발한 최무선1325~1395이 자리잡고 있다. 그 뒤를 이어 15세기에 세계적 수준의 천문기구를 제작한 이천1376~1451, 물시계인 자격루를 개발한 조선시대의 대표적 과학자 장영실1390~1450, 15세기 전반 우리나라 과학기술을 세계최고 수준으로 이끈 과학기술 혁신의 리더 세종대왕1397~1450, 조선초기 자주적 역법을 이룩한 천문학자 이순지1406~1465, 『동의보감』을 통해 한의학 전통을 우뚝 세운 의학자 허준1539~1615, 새로운 우주관을 제시

한 조선후기 과학사상가 홍대용1731~1783, 조선후기 최고의 천문역산가 서
호수1736~1799, 「대동여지도」를 편찬한 조선후기 지리학자 김정호1804~1866
가 있다.

나머지 18명은 모두 20세기 인물이며, 다음과 같다.

- 최초의 여의사 김점동1876~1910
- 천문기상학을 개척한 최초의 이학박사 이원철1896~1963
- 종의 합성이론을 입증하고 채소종자의 자급을 실현한 유전육종학자
  우장춘1898~1959
- 농학의 기틀을 닦은 선구자 조백현1900~1994
- 화학계의 성장을 이끈 이론화학자 이태규1902~1992
- 산업기술과 공업의 기초를 다진 화학공학자 안동혁1907~2004
- 실학의 전통을 계승한 산학협동의 선구자 김동일1908~1998
- 나비연구의 기틀을 마련한 생물학자 석주명1908~1950
- 간 연구의 선구자 장기려1911~1995
- 산림부국의 꿈을 실현한 임목육종학자 현신규1911~1986
- 과학기술행정의 기틀을 세운 금속공학자 최형섭1920~2004
- 이론물리 및 화학계의 큰 스승 김순경1920~2003
- 조선공학 및 선박역사학의 개척자 김재근1920~1999
- '리군이론'을 정립한 세계적 수학자 이임학1922~2005
- '조-울렌벡 이론'을 창안한 최초의 물리학자 조순탁1925~1996
- 유행성출혈열 병원체인 한탄바이러스와 서울바이러스를 세계 최초로
  발견하고 예방백신을 개발한 미생물학자 이호왕1928~

- 세계정상급의 소립자 이론물리학자 이휘소1935~1977
- 통일벼를 개발하여 쌀의 자급화에 기여한 허문회1927~2010

그들은 어떻게 영웅이 되었을까?

분야를 막론하고 영웅의 반열에 오른 사람들의 공통점은 네 가지로 요약해볼 수 있다. 첫째, 자신의 재능과 소질에 적합한 분야를 선택했다. 둘째, 그 분야에서 최고가 되려는 목표를 설정했다. 셋째, 그 목표를 달성하기 위해 열정적으로 노력했다. 넷째, 그들은 항상 겸손한 자세를 지켰다.

예를 들어 축구선수 박지성은 세계적인 선수가 되기 위해 자신의 신체적 약점을 극복했다. 박지성의 발은 평발이다. 평발인 사람들은 피로가 빨리 회복되지 않고 부상을 쉽게 입을 수 있다. 그러나 박지성은 피나는 체력 단련과 훈련을 통해 산소탱크, 후반에 강한 사나이로 거듭났다. 그리고 영국 맨체스터 유나이티드 팀의 주축 선수가 되었다.

아이돌 그룹 빅뱅은 『세상에 너를 소리쳐!』라는 책을 집필해 자신들의 성공담을 소개한 바 있다. 그 가운데 우리의 시선을 끄는 대목들이 많다. 실패하는 것보다 실패가 두려워 시도하지 않는 것이 더 어리석다, 사람은 정확히 자기가 선택한 만큼만 성장한다, 삐딱한 시선으로는 아무것도 포착할 수 없다, 내 인생의 가장 큰 달란트는 긍정이다……. 그중에서도 특히 그들의 성공을 짐작하게 해주는 말은 "아무리 99도까지 온도를 올려도 결국 물을 끓이는 것은 마지막 1도"라는 말이다. 최후의 순간까지 노력을 계속하지 않으면 성공할 수 없다는 뜻이다.

2008년 북경올림픽 폐막식에 초대되어 진가를 보여준 월드스타 비가 가장 신봉하는 말은 "우리가 잠을 자면 꿈을 꾸지만, 잠을 자지 않으면 꿈을 이룰 수 있다"라고 한다. 비가 가수가 되려고 테스트를 받으러 갔을 때 박진영이 그만하라고 할 때까지 중단하지 않고 무려 4시간이나 계속 춤을 추었다는 일화는 비의 강인한 집념을 말해준다.

반기문 유엔사무총장의 성공비결은 "몰두하고 겸손하고 꿈을 잃지 않는 것"이라고 한다. 그는 영어단어 많이 외우기 내기를 하는 등 영어공부에 몰입했고, 고등학교 3학년 때 전국 영어웅변대회에서 1등을 차지했으며, 그에 따라 미국 백악관에 초대되어 케네디 대통령과 면담하는 영광을 누렸다. 그는 그때부터 외교관을 꿈꾸었고, 서울대학교 외교학과와 외무고등고시를 거쳐 외무부에 입성했으며, 외교통상부장관을 거쳐 유엔사무총장이 됨으로써 꿈을 실현했다.

우리도 영웅이 될 수 있다

우리는 너나없이 모두 영웅이 될 수 있다. 마음먹고 열심히 노력하기만 하면 각자가 선택한 분야에서 최고가 될 수 있다. 그렇게 되면 자신도 모르는 사이에 영웅이 되어 있을 것이다.

우리가 영웅이 되기 위해서는 세 단계를 충실하게 넘어야 한다.

첫 번째 단계는 자기가 되고 싶은 영웅의 모습을 정하는 것이다. 자신은 누구의 우상이 될 것인지, 어떤 사람으로 역사에 남고 싶은지 심사숙고해서 결정해야 한다. 이것을 정할 때는 자신이 가장 하고 싶은 일이 무엇인가를 먼저 생각해야 한다. 오랫동안 깊이 생각해야 하며, 부모님뿐만 아니라 선생님과 상의하는 것이 좋다. 특히 가장 확실한 후원자인 부모님의 말씀을 듣는 것이 매우 중요하다.

두 번째 단계는 자신의 목표를 명시하는 것이다. 이를테면 책상 앞에 'ㅇㅇ 영웅 ㅇㅇㅇ'이라고 써붙이고 의지를 다지는 것이다. 이렇게 되면 주위에서도 적극 지원해줄 것이다.

세 번째 단계는 그 목표를 향해 열심히 노력하는 것이다. 인디언이 기우제를 지내면 반드시 비가 오는데, 그것은 비가 올 때까지 중단 없이 기우제를 지내기 때문이라고 한다. 즉, 인디언의 집념이 비결인 것이다. 성공하기 위해 노력하는 과정에서 같은 분야의 영웅을 따라 하면 좋은 성과를 거둘 수 있다. 자신이 닮고 싶은 인물을 선정해 그 사람이 성공을 이룬 과정을 자기 처지에 응용하는 방식이다.

과학기술 영웅이 되자

인류문명은 과학기술의 발전과 궤를 같이하면서 변천해왔다. 과학기술의 발전이 중추적 역할을 수행해온 것이다. 앞으로 이런 현상은 더욱 심화될 것으로 전망된다. 과학기술이 사회변화의 원동력이 될 것이다. 그렇다면 우리의 판단은 분명하다. 사회변화의 중심이 되려면 과학기술을 전공해야 한다. 과학기술 영웅이 되어야 한다. 그렇게 자신이 꿈꾸는 세상을 만들어야 한다.

그렇다면 어떤 과학기술이 유망할까? 사실 수요가 있는 과학기술은 모두 유망하다. 그 가운데 몇 분야를 소개하면 다음과 같다.

첫째, 로봇 분야다. 로봇연구의 목표는 사람처럼 생각하고 사람처럼 느끼고 사람처럼 말하고 사람처럼 행동하는 로봇을 만드는 것이다. 지금 실용화 단계에 있는 청소 로봇, 수술 로봇은 물론이고 집 지키는 로봇, 탐사 로봇, 전투 로봇, 간병 로봇, 가사도우미 로봇 등이 활발히 발전하고 있다. 교육과학기술부와 한국과학기술기획평가원의 미래기술 예측자료에 따르면 2013년경에는 보행지원 로봇 기술이 실현될 것이다. 또한 2018년경에는 사용자의 감성을 인식하고 표현하는 로봇, 2020년경에는 가사를 돕는 로봇, 2023년경에는 어린아이를 안전하게 돌보는 로봇, 2028년경에는 신체 내부를 치료하는 매우 미세한 로봇이 개발될 수 있을 것으로 보인다.

둘째, 전자제품 분야에서는 접히는 휴대용 디스플레이 기술이 2013년 경, 사용자의 감성을 표현하고 합성할 수 있는 기술이 2018년경, 오감형 입체 디스플레이 기술이 2021년경, 인간의 감성을 이해하는 가상세계의 아바타 기술이 2035년경, 뇌에 기억된 정보를 읽을 수 있는 시스템 기술이 2036년경 개발될 것으로 예상된다.

또한 건강 · 의약 분야에서는 초고속 개인유전체 해독 · 분석기술과 개인의 유전적 특성에 따른 맞춤형 치료기술이 2020년경 실현될 수 있을 것으로 보인다. 줄기세포 치료기술도 지속적으로 발전되어 2017년경에는 줄기세포를 이용한 뇌손상 치료기술, 2020년경에는 줄기세포 분화유도기술, 2031년경에는 줄기세포를 이용한 장기재생기술이 확립될 수 있을 것이다. 아울러 인공장기의 개발도 본격적으로 진행되어 2024년경에는 인공혈액 보급기술, 2025년경에는 거부반응 없는 인공장기기술, 2031년경에는 감각을 느낄 수 있는 의수 · 의족기술, 2035년경에는 전자두뇌 이식기술이 확립될 것으로 예상된다.

뇌 분야의 기술도 발전되어 2015년경에는 노인성 치매의 조기진단기술, 2020년경에는 퇴행성 뇌질환 조기진단 · 치료기술, 2029년경에는 기억력

향상을 위한 전기적 자극 등 외부수단 이용기술이 각각 개발될 것으로 전망된다. 또한 2020년경에는 고혈압·당뇨병 등 성인병완치 기술, 2026년경에는 노화 메커니즘을 규명하는 기술, 2030년경에는 암을 완치시키는 기술이 각각 개발될 것이다.

　에너지 분야에서도 큰 발전이 기대된다. 태양전지의 실용화를 위해서 태양에너지 변환효율 40% 이상인 분산발전 및 대규모 태양전지기술이 2015년경, 우주 태양발전시스템 기술이 2040년경 확립될 것이다. 풍력발전 분야에서는 2015년경 초대형 5MW 풍력설비 설계기술이 실현될 수 있을 것으로 예상된다. 바이오에너지 분야에서는 미생물을 이용한 바이오연료 제조기술이 2012년경, 비식용 유전자변형식물을 통한 바이오매스 에너지 생산기술이 2025년경 실현될 수 있을 것이다. 연료전지 에너지 분야에서는 연료전지 자동차 실용화 기술이 2020년경, 연료전지 발전시스템 기술이 2025년경에 실현될 것이다.

　수소에너지의 확보를 위해서는 수소액화·수소저장합금 등 수소저장기술이 2012년경, 태양광을 이용한 물분해 촉매기술이 2015년경, 고순도 수소의 저가 대량생산기술이 2017년경, 원자력을 이용한 수소 대량생산기술이 2023년경에 각각 확립될 것이다. 핵융합에너지를 이용한 전기생산기술도 2040년경에는 가능할 것으로 예상된다.

　교통 분야에서는 2023년경 차세대 초전도성 소재기술이 확립되어 자기부상열차의 확산을 뒷받침할 것이다. 이와 더불어 2016년경에는 자동차 사이의 통신시스템을 활용한 사고방지시스템 기술, 2027년경에는 자동으로 주행하는 자동운전시스템 기술이 실현될 수 있을 것이다.

　마지막으로, 기상 분야에서는 2014년경 일기예보 정확도 80% 이상의 계절 간 예보기술, 2020년경 인공증우 · 안개소산 · 태풍약화 등이 가능한 기상조절기술, 2030년경 예보정확도 90% 이상의 위험기상 예측기술이 각각 개발될 것이다.

앞에서 살펴본 분야를 포함한 모든 과학기술 분야 가운데 자신이 좋아하는 분야를 선택해 열심히 노력하면 누구나 위대한 과학영웅이 될 수 있을 것이다. 그렇게 되면 자신의 행복에만 그치는 것이 아니라 인류의 행복, 인간존엄성 향상에 기여하는 사람이 될 수 있다. 그런 사람이야말로 진정한 영웅이라 할 수 있을 것이다.

생각하는 대로 살자

사람은 생각하는 대로 살지 않으면 사는 대로 생각하게 된다고 한다. 이를 위해서는 먼저 자신의 미래에 대해 긍정적인 생각부터 갖자. 그리고 뚜렷한 목표를 정하자. 그다음에는 그 목표를 이루는 미래를 구현하기 위해 부단히 노력하자. 그러면 그 분야에서 최고권위자라는 호칭을 얻게 될 것이다. 바로 그때가 영웅의 반열에 오르는 순간이다. 그 영광의 순간을 향해 중단 없이 정진하자.

CHAPTER 10

노벨과학상의 꿈을 갖자

강박광

미국 루이지애나 주립대학 대학원 화학과 연구원 / 한국기초과학지원연구원 원장

한국화학연구원 원장 / 호서대학교 교수 / 전임출연연구기관장협의회 부회장

어릴 때 꿈을 크게 가져야 위대한 사람이 될 수 있다고 한다. 꿈과 희망이 있어야 그것을 이루기 위해 몸과 마음을 다해 노력하고 도전하고 극복해 낼 수 있다. 꿈은 인생의 목표를 부여하고, 목표를 향해 달려가려는 동기를 가지게 하고, 나아가지 않으면 견딜 수 없는 정열과 집념을 가지게 한다.

우리가 가지는 장래 희망과 꿈은 하늘이 사람에게 내린 능력에 따라 네 종류로 구분해볼 수 있다. 첫째로 예체능 계통의 특기를 타고난 사람은 연예인, 스포츠맨, 예술가 등을 희망할 수 있다. 둘째로 기업가적 기질을 타고난 사람은 창업자, 기업인, 최고경영자 등을 희망할 수 있다. 셋째로 권력가적 기질을 타고난 사람은 판검사, 공무원, 정치인, 군인 등을 생각할 수 있다. 넷째로 창의적 · 지능적 자질을 타고난 사람은 과학자, 의사, 교육가 등을 꿈꿀 수 있다.

장래 희망이 무엇이든 그 바탕에는 명예로운 삶을 살고 싶다, 또는 부자가 되고 싶다는 현실적 욕구가 깔려 있다. 일반적으로 부와 명예를 동시에 가지기는 그리 쉬운 일이 아니다. 그러나 장래 희망이 어느 분야든 그 분야에서 세계를 제패하면 부와 명예, 두 가지를 함께 가지게 된다. 우리나라에서도 자기 분야에서 세계를 제패한 사람들이 늘어나고 있다. 스포츠 분야에는 김연아 · 박태환 · 박세리 등이 있고, 예능 분야에는 조수미 · 정명훈 · 백남준 등이 있으며, 세계적인 기업가로서는 이병철 · 정주영 · 구인회 등이 있다. 그런데 아쉽게도 과학 분야에서 세계를 제패한 과학자, 즉 노벨과학상 수상자는 아직 나오지 않았다.

대부분의 선진국은 노벨과학상 수상자를 배출했으며, 노벨과학상 수상자를 배출해야 무늬만 선진국이 아니라 진정한 선진국이라 할 수 있다. 왜냐하면 경제적으로 부유할 뿐 아니라 세계가 존경할 수 있는 명예를 동시에 지녔다는 의미이기 때문이다.

선진국 그룹을 상징하는 OECD Organization of Economic Cooperation and Development 30개국 가운데 노벨과학자를 배출하지 못한 나라는 단 5개국, 즉, 우리나라를 비롯해 그리스, 룩셈부르크, 터키, 아이슬란드다. 존경스럽고 가치 있고 명예로운 업적 없이 수단과 방법을 가리지 않고 부만 이룬 사람들을 가리켜 졸부라 한다. 막대한 석유자원으로 부를 이룬 중동국가나 도박산업으로 부를 이룬 모나코 등이 세계를 이끌어나가는 국가가 될 수는 없다.

아직 OECD에 가입하지 못한 중국, 인도, 대만, 브라질, 멕시코, 체코 등의 중진국에서도 노벨과학자를 자랑스럽게 배출했다. 우리가 특별히 관심을 가지고 경쟁하는 나라인 일본에서는 무려 15명이나 배출했으며, 그것도 우리보다 60년이나 앞서 배출하기 시작했다.

노벨과학자 보유수와 국력은 대체로 비례한다. 미국 1위230명, 독일 2위 85명, 영국 3위80명, 프랑스 4위29명 등이 그것을 입증하고 있다2008년 현재. 2008년 현재 총 603명의 노벨과학자 가운데 약 40%가 미국 국적인데, 미국에서 행한 연구활동을 근거로 노벨상을 수상한 다른 나라 국적의 노벨과학자까지 합치면 과반수에 육박한다. 이는 미국이 노벨과학자 배출에 있어 절대적 선두주자임을 의미한다.

미국은 1907년 최초로 노벨과학자를 배출한 이후 지금까지 약 100년간 계속해서 최다수 노벨과학자 배출국인 동시에 세계 최강국의 위치를 유지해왔다. 유럽이 전쟁에 휘말렸던 100여 년 전 제1차 세계대전 무렵 천재적 재능을 지닌 수많은 과학자들이 자유의 나라 미국으로 이주했고, 그들은 노벨과학상 수상으로 미국에 보답했다. 아인슈타인 박사가 대표적인 사례로 지금도 전 세계에서 탁월한 재능을 지닌 수많은 인재들이 미국 유학길에 오르고 있다.

과거 100여 년간 '메이드 인 USA'는 세계 최고 품질의 제품을 의미하는 말로 사용되어왔으며, 누구나 갖고 싶어 하는 것이었다. 우리 주위의 텔레비전, 냉장고, 의약품, 합성섬유, 컴퓨터, 항공기, 휴대폰, 로봇 등 거의 모든 제품이 미국에서 발명한 제품이다. 미국이 과거 100여 년간 끊임없이 최고의 신제품을 내놓을 수 있었던 것은 노벨과학자들이 새로운 과학 분야를 끊임없이 개척해왔기 때문이다. IT, BT, NT, 신소재, 신에너지 등 우리가 흔히 듣는 첨단과학 분야는 모두 미국이 주도적으로 개척한 과학기술 분야다. 세계 최고의 천재들이 미국으로 모여들고 있는 한 미국은 세계를 지배하는 1등 국가의 위치에서 밀려나지 않을 것이다.

최고의 권위와 명예를 자랑하는 노벨상은 국제적으로 공인된 상으로 노벨이 타계한 날짜를 기념해 매년 12월 10일에 수여한다. 노벨상은 전 세계 과학자들의 꿈이며, 수상자는 세계인의 존경을 받게 된다. 노벨상은 세계 최고급 과학자 1천여 명이 참석한 가운데 스웨덴 국왕이 직접 시상한다. 국왕은 왕비, 왕자, 공주 등 왕족과 함께 등단해 시상한다. 시상식은 스웨덴 수도인 스톡홀름의 콘서트홀에서 열리며, 오케스트라가 공연하는 화려한 중앙 원형무대에서 시상한다. 수상자는 시상식이 끝난 뒤 열리는 노벨상 만찬 때 가족과 참석해서 국왕과 왕족의 테이블에서 함께 식사한다.

노벨상 수상자에게는 화려한 상장과 함께 순금 200그램의 금메달, 스웨덴 화폐로 1천만 크로나약 17억 원의 상금이 주어진다. 금메달 앞면에는 노벨의 모습을 새기고, 뒷면에는 수상자의 이름을 새긴다.

노벨상 수상자는 큰 명예와 부를 함께 가지게 된다. 대통령과학자문, 대학총장, 국립연구원 원장, 재벌기업 과학자문 등 최고 명예직의 보직 대상이 되고, 전 세계에서 고액을 지불하고 특강 초청을 한다1회 1억 원 이상. 그뿐 아니라 기업으로부터 고액의 광고출연을 요청받고, 특허나 저서가 있을 때는 특허권 및 저작권 수입이 발생한다.

노벨상 창시자인 알프레드 노벨은 1833년 스웨덴의 수도 스톡홀름에서 출생해 1896년 12월 10일에 사망했다. 그의 아버지 이마누엘 노벨은 엔지니어 출신의 사업가로 광산발파용 폭탄과 공작기계 제작사업에 성공했다. 그래서 알프레드 노벨은 20대 후반의 청년시절까지 매우 부유한 환경에서 자랐다. 그는 그 당시 상류층의 교육방식인 훌륭한 개인교사를 통해 10대 중반에 이미 5개 언어에 능통했고, 특히 화학에 재능을 보였다. 그는 20대

중반까지 스웨덴, 독일, 프랑스, 미국 등에 유학하면서 화학공학을 공부한 뒤 아버지 사업에 합류했으나 전쟁에 휘말리면서 어려운 상황을 맞는다.

20대 후반에서 30대 초반까지 안전하고 편리하게 사용할 수 있는 폭발장치 개발에 매진한 그는 결국 33세 되던 1866년 다이너마이트의 발명에 성공한다. 그는 매우 위험한 폭약인 니트로글리세린에 안전하게 점화할 수 있는 장치인 '폭발성 캡슐'을 발명해 고성능폭탄의 제조를 가능하게 했고, 폭발성이 강한 니트로글리세린을 규조토에 흡수시켜 사용과 취급에서 위험성을 대폭 낮출 수 있는 폭약조성 개발에 성공했다. 그는 이 발명을 바탕으로 사업을 확장해 20여 개국에 90여 개의 다이너마이트 공장을 소유하게 되었으며, 아울러 군수산업, 제철, 제혁, 섬유 등으로도 사업을 확장해 1800년대 말에는 세계적 갑부가 되었다.

노벨은 근본적으로 평화주의자여서 자신이 발명한 다이너마이트가 자원개발, 대규모 토목공사 등의 평화산업과 전쟁을 종식시키는 데 기여하기를 바랐다. 그러나 오히려 그에 역행하는 방향으로 발전하는 데 대해 비관적 견해를 나타냈다. 노년에 협심증으로 고생하던 노벨은 1895년 11월 27일 아무도 몰래 세계가 깜짝 놀랄 위대한 유언장을 작성해 스톡홀름의 한 은행에 보관해두었다. 당시로는 천문학적 재산인 3,100만 크로나약 2,600억 원 상당의 전 재산을 인류의 평화와 발전을 기리는 노벨상을 위해 헌납한다는 것과 노벨상의 기본구상을 내용으로 하는 위대한 유언장이었다. 그는 다음 해인 1896년 12월 10일 이탈리아 산레모에 있는 별장에서 뇌출혈로 세상을 떠났다.

노벨은 두 명의 기술자에게 유언장 내용의 실행을 위임했다. 그들은 유언장을 공개한 뒤 그 내용에 따라 노벨재단을 설립해서 노벨상 관련업무가 차질 없이 집행될 수 있도록 기틀을 마련했다.

노벨이 남긴 유서의 핵심내용은 첫째, 유산을 안전한 펀드에 투자해 그 이자로 상금을 운영할 것, 둘째, 매년 상금을 5등분해 물리학 · 화학 · 의학/생리학 · 문학 · 평화 등 5개 분야에 시상할 것, 셋째, 수상자는 국적에 관계없이 가장 적격한 자를 공정하게 선정할 것 등이다.

또한 노벨이 제시한 노벨과학상 분야의 수상자 선정조건은 첫째, 과학 분야의 매우 중요한 발명, 발견 또는 새로운 이론을 정립한 자로서, 둘째, 인류에 큰 이득을 초래한 자로 되어 있다. 특히 두 번째 조건은 다른 과학상과 현저히 구별되는 특징이다. 아무리 신기한 발명을 하거나 중대한 이론을 정립해 과학발전에 크게 기여했더라도 인류의 발전에 실익이 있다는 점이 입증되지 않으면 수상자가 될 수 없다는 것이다. 그 대표적인 예로 아인슈타인 박사는 유명한 상대성이론으로는 증거부족으로 수상하지 못하고 광전효과이론을 추가해 1921년에 뒤늦게 노벨상을 수상한 바 있다.

노벨상은 노벨의 뜻에 따라 세계 최고로 엄격하고 공정한 운영으로 국제적 인정을 받아 더욱 유명하다. 정치적으로나 돈의 힘으로 영향을 줄 수 없도록 상상하기 힘들 정도의 방법으로 수상자 선정을 비밀에 부친다. 노벨재단이 지원하는 세계 최고의 과학자집단인 노벨위원회와 왕립스웨덴 과학아카데미가 협력해 극비리에 공정한 심사를 한 뒤 매년 10월 초에 그 해의 수상자를 발표한다. 수상자나 수상자 주변인물이 수상자를 공식으로 추천하거나 신청하는 일도 없다. 극비리에 세계 최고 과학자에 대한 정보를 방대하게 지속적으로 수집해 심사자료로 사용하기 때문에 수상자를 미리 알 수 있는 방법이 없다. 수상자도 자신이 심사대상에 올라 있는지조차 알 수 없다.

왕립스웨덴과학아카데미는 매년 10월 초 수상자 선정을 위한 최종심사 회의를 개최하고, 그 회의에서 최종투표가 종료되는 순간 즉시 수상자에게 연락하고 이어서 언론에 발표한다. 이와 같이 수상자에게 예고 없이 통보하기 때문에 수상자는 쇼핑을 하거나 병원에서 진찰을 받는 도중, 또는 직장회의 중에 갑자기 통보를 받게 된다. 그래서 장난전화로 오해하는 등의 해프닝이 발생하기도 하는데, 이 전화를 매직콜이라고 한다.

노벨상 시상은 1901년에 시작되어 그 후 110여 년이 지난 지금까지 20세기 이후 화려하고 혁명적인 과학기술문명의 형성에 결정적인 역할을 해왔다. 과거 100여 년간 과학기술에 의한 인류의 발전과 변화는 그전 5천 년간의 발전과 변화보다 훨씬 더 크고 격렬한 것이었다. 아버지나 할아버지 세대에서 사용하던 주변 물품이나 생활환경은 이제 더 이상 아들이나 손자 세대의 것이 아니다. 선대의 경험이 후대에 별로 도움이 되지 않는 단절의 시대가 갑자기 다가온 것이다. 그러한 변화와 발전의 엔진이 된 노벨 수상 기술 사례를 몇 가지 살펴보면 다음과 같다.

1901년에 수여된 첫 번째 노벨물리학상은 X-선을 발견한 독일의 과학자 빌헬름 뢴트겐Wilhelm Röntgen에게 수여되었다. 병원의 X-선 촬영장치, 공항의 X-선 검색장치 등 광범한 X-선 및 광학 관련제품은 그로부터 생겨났다. X-선의 발견으로 수술을 하지 않아도 인체 내부를 촬영할 수 있게 되어 의료진단기술의 혁신적 발전을 가져왔으며, 밀수입이나 테러방지를 위한 편리한 도구로도 사용되었다. 이처럼 노벨상 수상 기술은 첨단기술의 뿌리로서 그와 관련된 수많은 혁신적 신제품을 열매로 얻는다.

1909년 노벨물리학상은 라디오를 사용한 무선통신시스템 기술을 개발한 이탈리아의 마르코니Guglielmo Marconi와 브라운관을 발명한 독일의 브라운Karl Ferdinand Braun에게 수여되었다. 이들의 발명으로 라디오, TV 등 무선방송통신과 관련된 다양한 산업이 출현하기 시작했다. 1800년대 말까지는 라디오도 TV도 없는 깜깜한 세상이었다. 통신수단이라고는 줄을 연결해야만 가능한 유선통신방식의 불편한 전화뿐이었다. 미국 뉴욕의 록펠러센터에 있는 유명한 라디오시티는 이즈음1927년에 생겨났으며, 이는 방송통신기술을 기반으로 하나의 산업도시가 생겨날 수 있음을 보여준다.

이와 같이 노벨상 수상 기술은 20세기의 급속한 산업화와 도시화에 불을 지폈으며, 그에 따른 변화와 발전의 큰 물결이 세상을 휩쓸면서 그 물결을 타지 못한 국가들은 모두 후진국으로 낙오되고 말았다. 우리나라도 20세기 초반까지는 이 물결에서 낙오되어 가난한 후진국을 면치 못했으나, 1960년대 초반 박정희 대통령 때 열심히 분발해 따라잡은 결과 선진국 대열에 합류하게 되었다.

지금 세계를 이끌고 있는 3대 첨단기술, 즉 IT, BT, NT를 탄생시킨 노벨상 수상 기술을 살펴보면 다음과 같다. 이 3대 첨단기술은 앞으로도 상당기간 동안 세계적 발전과 변화의 원동력이 될 것으로 보인다.

IT기술의 시발점은 1956년 노벨상을 수상한 반도체 기술, 즉 트랜지스터의 발명이라고 할 수 있다. 그 발명으로 3명의 미국 과학자 쇼클리William Shockley, 바딘John Bardeen, 브래튼Walter Brattain이 노벨물리학상을 받았다. 그들은 당시 미국 제일의 전화회사연구소인 벨연구소에서 제2차 세계대전이 끝난 1945년부터 진공관을 대체할 부품을 개발할 목적으로 한 팀이 되어 연구를 시작했다. 그리고 2년 만에 반도체를 재료로 사용한 트랜지스터를 발명해 반도체시대의 원년을 열었고, 그것의 대단한 실용성이 그 후 10여 년간의 연구로 확인됨에 따라 노벨상을 수상하게 된 것이다. 이와 같이 노벨상은 발명 즉시 상이 주어지는 것이 아니고 실용성이 확인될 때, 즉 연구가 상당히 진행되어 가시화할 때까지 기다린 뒤에 시상한다.

반도체의 기본소자인 트랜지스터는 전화통신이 발달하는 과정에서 전화교환기에 사용하던 진공관에서 발생하는 고질적 문제를 해결하려고 노력하던 중 진공관의 대체품으로 탄생했다. 트랜지스터의 발명은 반도체의 위력을 실증한 최초의 발명으로 20세기에 이루어진 것 가운데 가장 위대한 발명의 하나로 꼽힌다.

반도체는 아날로그를 디지털로 바꾸는 핵심소자로서 디지털화를 매개함으로써 모든 산업과 인간 생활양식을 정보화로 연계한다. 반도체 기술은 1960년대 이후 크기를 미세화할 수 있는 기술로 발전하고, 이것이 컴퓨터의 핵심부품으로 사용됨으로써 컴퓨터시대가 열린다. 이러한 반도체 이용의 다양화는 IT산업의 시발점이 되었고, 그 유명한 실리콘밸리가 최초의 IT산업단지로 탄생하게 된다.

그 후 컴퓨터는 물론 휴대폰, TV, 자동차, 비행기, 냉장고 등 우리 주변의 모든 기계에 반도체 부품이 들어가 똑똑한 기계가 되도록 지능화했다. 반도체 내부에는 트랜지스터가 기본소자로 들어 있어 지금도 일주일에 수십억 개의 트랜지스터가 만들어지고 있다. 앞으로 IT기술은 무인자동차 및 무인비행기, 교통시스템 자동화, 3D 또는 4D 영상 시스템, 로봇 등에서 다양하게 활용되어 획기적 발전을 계속 이어갈 것으로 예측된다.

BT기술의 시발점은 1962년 노벨생리학상을 수상한 'DNA 분자구조의 규명'이라 할 수 있다. 이 상을 수상한 세 명의 과학자는 영국의 크릭Francis Crick과 윌킨스Maurice Wilkins, 미국의 왓슨James Watson이다.

DNA 분자구조의 규명으로 고전생물학은 대규모 지각변동 차원의 충격을 받을 수밖에 없었다. 창세 이후 비밀의 장막에 갇혀 있었고 신의 영역에 속한다고 생각했던 생명체의 탄생과 연관된 유전현상의 비밀과 생명유지현상의 비밀이 세포단위가 아니라 그보다 엄청나게 작은 DNA라는 분자단위에 숨겨져 있다는 것, 그 비밀을 알아낼 수 있는 기본적 방법론을 분자구조의 규명을 통해 확립했기 때문이다. 그것도 생물학자뿐만 아니라 물리학자와 화학자가 동시에 협력해 각자의 전문성을 융합한 결과 이루어낸 위대한 발견이었다.

그때까지 고전생물학은 세포를 생명현상의 기본단위로 보고 세포단위를 근거로 생명현상을 설명해왔으나 유전의 비밀을 명쾌히 설명할 수는 없었다. 그러나 DNA 분자구조의 규명은 세포단위가 아니라 세포를 구성하는 분자단위에 근거해야 유전의 비밀을 구체적으로 설명할 수 있음을 명확히 증명했다. 따라서 분자를 학문의 근거로 삼는 화학과 생물학의 결합인 생화학, 분자생물학 등이 출현하게 되었다. 특히 DNA에 근거해 분자 차원의 유전인자에 대한 인공변화를 대상으로 하는 학문인 유전공학도 등장했다. 이러한 첨단과학 분야에서 이루어지는 첨단기술을 종합해 생명공학기술BT이라 하고, 거기에서 출현한 신산업을 BT산업이라 부른다.

BT 가운데서도 특히 유전공학에 기대가 모아지고 있다. 유전공학적 기술에 의해 인공적으로 유전자를 조작해 만든 새로운 생명체를 유전자변형생명체GMO : Genetically Modified Organism라 한다. 이는 인간이 신의 영역에 속하는 새로운 생명체를 창조하는 일이 가능하다는 의미로서 특히 관심대상이 된다. 최초의 GMO인 유전자변형 박테리아는 1973년에 출현했고, 최초의 산업용 GMO는 인슐린을 생산하는 박테리아의 개발로 1982년에 상용화되었다. BT는 앞으로 인간의 난치병 퇴치와 무병장수, 바이오알코올과 같은 그린에너지의 생산 등 다양한 분야에서 큰 변화를 가져올 것으로 기대되고 있다.

NT Nanotechnology는 원자나 분자의 크기, 즉 나노단위10억분의 1미터 크기의 차원에서 물질입자를 인위적으로 조작하는 기술로서 머리카락의 수십만분의 1 정도1~100나노미터의 입자를 가공하는 기술을 뜻한다. NT 개념은 1960년대부터 거론되어왔으나 1996년에 탄소만으로 구성된 축구공 모양의 분자인 풀러렌을 발견한 업적에 대해 노벨화학상이 수여된 것을 계기로 세계적인 관심사가 되었다.

풀러렌의 발견에 대한 노벨화학상은 영국의 해롤드 크로토Harold Kroto, 미국의 리처드 스몰리Richard Smalley와 로버트 컬Robert Curl Jr.에게 수여되었다. 이 세 과학자가 풀러렌을 발견한 지 11년이 지나서였다.

풀러렌이 2000년대에 들어와 특별히 관심의 대상이 되는 이유는 축구공 형태는 물론 튜브 형태로도 변형할 수 있게 되었고 그것을 분자 차원에서 가공할 수 있는, 즉 나노단위의 조작이 가능한 특수한 분자구조를 가졌으며, 그 형태에 따라 일반적 물질과는 매우 다른 다양한 물성을 보이기 때문이다. 튜브 형태의 구조를 가진 것을 탄소나노튜브라 하고, 튜브의 구조에 따라 반도체나 금속의 특성을 띠기도 한다. 반도체의 경우 1개 분자만으로도 반도체로 기능하는 초극미세 반도체 제조의 가능성이 예측되고 있으며, 금속성의 경우 금이나 구리보다 무려 1천 배 정도의 전기전도도, 16

배나 높은 열전도도, 섭씨 750도에서도 안전한 내열성 등을 보인다.

이러한 특이한 물성 때문에 탄소나노튜브는 NT기술 개발의 핵심적 위치에 있으며, 특히 전기·전자 분야와 바이오 분야에서의 응용이 기대되고 있다. 이를테면 테라비트 단위의 메모리반도체, 차세대 컴퓨터, 고광도 발광소자, 암 검진용 고성능 센서 등을 예로 들 수 있다.

특히 리처드 스몰리 박사는 클린턴 대통령을 설득해 미국의 나노기술 국책연구 개발계획National Nanotechnology Initiative을 수립해 2000년부터 출범시켰다. 또한 2003년에는 부시 대통령이 21세기 나노기술 연구개발법에 서명함에 따라 법적 뒷받침을 받으며 강력히 추진할 수 있게 되었다.

끝으로 몇몇 사례를 통해 어떤 사람들이 노벨상 수상자가 되었는가를 살펴보자.

첫째, 어릴 때부터 자연현상에 남다른 호기심을 가지고 그것에 빠져드는 성격을 타고나거나, 일반인들이 감히 생각할 수 없는 엉뚱한 생각을 하고 그것을 끈질기게 추구하지 않고는 견딜 수 없는 성격을 지닌 사람은 노벨상을 바라볼 수 있다.

한 예로 2000년 노벨상 수상자인 일본인 시라카와 박사의 경우를 들 수 있다. 그는 어릴 때 식물도감을 보다가 벌레를 잡아먹는 꽃이 있다는 내용을 읽고는 그것을 직접 보지 않고는 견딜 수가 없었고, 결국 혼자 집을 나가 몇 날 며칠 산속을 헤맨 끝에 찾아내는 특이한 호기심을 보였다.

훗날 그는 플라스틱은 왜 전기가 통하지 않는가, 또는 전기가 통하는 플라스틱을 왜 만들 수 없는가라는 엉뚱한 의문을 품었다. 그리고 20년간 연구에 몰두한 끝에 전기가 통하는 플라스틱을 기어코 개발해내서 노벨상을 수상했다. 그의 발명은 앞으로 또 다른 혁명적 기술로 발전할 것으로 예측되어 세계적으로 관심을 받고 있다.

둘째, 아무리 가난하고 고통스러운 빈민촌 출신이라도 천재적 재능과 남다른 성실성이 있으면 노벨상을 바라볼 수 있다.

2000년 뉴질랜드 출신의 노벨화학상 수상자인 앨런 맥다이어미드Alan MacDiarmid 박사의 경우가 이에 해당한다. 그는 빈민촌 출신으로 중학교 때 우유배달, 고등학교 때 신문배달, 대학교 때 화학실험실 청소부를 하면서 공부를 계속했다. 그는 화학에 천재적 재능이 있었으나 경제적 여유가 없어 대학에 진학하지 못한 채 대학 화학실험실 청소부로 일하게 된다. 대학에서는 그의 천재적 재능에 감탄해 청소부가 아닌 조교로 발탁하고 대학원까지 무료로 공부할 수 있게 한다. 대학원 졸업 후 재미 뉴질랜드대사관은 그를 천재적 과학자로 발탁해 미국으로 유학보냈고, 그는 마침내 노벨화학상 수상자가 되었다.

셋째, 천재적 창의성과 독특하고 엉뚱한 취미를 가진 사람은 노벨상을 바라볼 수 있다.

1956년 노벨물리학상을 수상한 미국 출신의 쇼클리 박사의 경우가 이에 해당한다. 그는 부유한 집에서 자란 대표적 천재형으로 어려서부터 엉뚱한 취미를 가졌으며, 그러한 성향이 평생 지속되었다. 한 예로 그는 대학원에 다닐 때 개미와 놀기를 좋아해서 집에 개미훈련소를 만들어두고 하염없이 관찰하곤 했다.

또한 그는 직장에서는 해결이 불가능한 것으로 알려진 문제에 대해 상상도 하기 힘든 탁월한 아이디어를 쉽게 내놓는 천재였다. 고질적 문제로 남아 있던 진공관의 짧은 수명 문제를 해결할 대체품으로 반도체를 대안으로 내놓은 것도 그의 아이디어였다. 결국 그는 트랜지스터라는 세기적 발명으로 노벨상을 수상했다.

앞에서 살펴본 바와 같이 남다른 재능을 타고났다고 스스로 느끼는 젊은이는 노벨과학상에 대한 야심을 가지기를 강력히 권한다. 노벨과학상 수상자가 없이는 진정한 선진국이라 할 수 없다. 우리가 뒤따라가는 모방국의 입장에서 앞서가는 선도국의 입장으로 도약하려면 창의성의 증거인 노벨과학자의 배출이 절실히 필요하다. 노벨과학상은 원천기술의 확보에 필수적이며, 창의성 위주의 교육혁신을 위해서도 필요하고, 망국적인 이공계 기피현상을 치유하기 위해서도 필요하다. Boys, be ambitious!

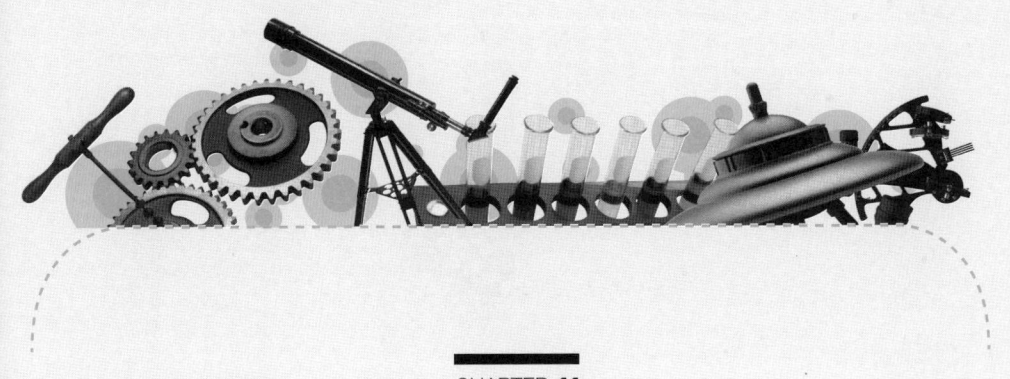

CHAPTER 11

미래 로봇사회

전의진

독일 하노버대학교 공학박사 / 한국과학문화재단 이사장 / 국가과학기술자문회의 위원
(주) 인천로봇랜드 대표이사 / 과학기술부 정책실장 / (현) 한국과학기술한림원 정회원

원래 로봇이라는 말은 강제노동 또는 노예를 뜻하는 체코어 '로보타Robota'에서 유래되었다. 21세기 로봇은 자동차 조립, 선박제조용 용접, 페인트 및 공장자동화를 위한 산업용 로봇으로 출발했으나 과학기술의 발전과 함께 지능형 로봇으로 급속히 발전하고 있다.

1908년 미국의 GM이 설립되어 자동차를 본격적으로 생산하기 시작한 지 100년이 지난 2008년에야 1가구 1자동차 시대가 열렸고, 1975년 빌 게이츠가 마이크로소프트를 설립하고 35년이 지난 2010년에야 1인 1컴퓨터 시대를 맞았다. 하지만 지능형 로봇의 성장속도는 이보다 훨씬 빨라서 2000년에 대표적인 지능형 로봇인 일본 혼다의 '아시모'가 개발된 이후 25년이 지난 2025년에는 1가정 1로봇 시대가 도래할 것으로 예상되고 있다.

빌 게이츠 마이크로소프트 회장도 2007년 미국 과학잡지 〈사이언티픽 아메리칸〉에 기고한 글에서 "로봇이 PC산업의 뒤를 이을 것"이라고 예견한 바 있다. 1960년대 중반 대형컴퓨터가 국내에 처음 보급되었을 때나 1980년대 중반 일부 대학교에 교육용 PC가 보급되기 시작했을 때 지금처럼 PC가 우리 생활 전반에 보편화되리라고 생각한 사람이 있었을까? 현재 우리나라의 가구당 PC 보급률은 90%대를 넘어섰고, 회사에서 자기 PC가 없는 사람이 없을 정도로 PC는 현대인의 필수품이 되었다. 빌 게이츠는 이러한 PC 시대를 예견해 세계 제일의 부자가 된 것이다.

이에 따라 그동안의 생활필수품이 의식주였다면 2000년에 들어서는 초등학생들도 휴대폰을 소유하고 있을 만큼 휴대폰이 생활필수품에 추가되었다. 초기에는 무전기만 한 크기에 200만 원대로 고가였던 휴대폰이 지금은 스마트폰이 대세를 이룸으로써 생활필수품으로 급속히 자리매김을 하고 있는 것이다. 이제 앞으로 5년만 지나면 로봇도 하나의 생활필수품으로 자리잡게 될 것이다. 현재의 지능형 로봇은 제한된 환경에서 겨우 걷는 정도라면 조만간 영화 〈아이로봇〉에서처럼 외모도 더 인간답고 자율적 사고도 가능한 로봇이 등장할 것으로 기대되기 때문이다.

물론 지능형 로봇은 이미 우리의 생활 곳곳에 들어와 있다. 공상과학 소설이나 영화 등에서나 접할 수 있었던 사람을 닮은 로봇이 실제로 개발돼 일상생활에 이용되고 있다. 피부를 가진 사람들과 똑같이 입술도 움직이고 얼굴 표정도 바꿔가며 사람과 대화하는 로봇, 사람과 함께 음악을 연주하는 로봇, 걷고 계단을 오를 뿐만 아니라 뛰기까지 하는 로봇 등은 이미 개발된 지 오래다.

이처럼 지능형 로봇은 형태와 사용목적에 따라 다양하게 개발, 진화할 것이다. 앞으로 21세기 지능형 로봇이 우리 실생활에 어떻게 다가올 것인가에 대해 상상해보자. 사람들이 일반적으로 생각하는 인간형 로봇

Humanoid은 인간과 같이 두 발로 걷는 로봇이다. 이러한 인간형 지능로봇의 대표적인 예로는 아시모와 휴보를 들 수 있다.

우리들은 〈아이로봇〉이나 〈터미네이터〉 같은 공상영화를 통해 인간보다 탁월한 지능과 성능을 지닌 로봇에 이미 익숙해져 있다. 그러나 실제 로봇이 인간과 닮으려면 사물을 정확히 볼 수 있는 시각기능, 인공지능이 접목된 상황인식, 분석·판단기능, 인체 각 부위의 활동에 버금가는 정교한 동작기능 등을 갖춰야 한다. 따라서 현재 과학기술 수준이나 경제적 측면에서는 소설이나 영화에 나오는 것 같은 로봇이 곧장 출현할 수는 없을 것이며, 가격을 낮추기 위해 다리 대신 바퀴를 채용한 형태가 선호될 전망이다.

21세기 지능형 로봇은 이제 우리 생활에서 가장 중요한 친구가 될 것이다. 로봇이 주인의 아침잠을 깨우고, 그날 할 일과 뉴스, 날씨 등을 옆에서 비서처럼 일러주고 지시를 수행할 것이다. 가족들이 출근하고 나면 로봇이 집을 지키며 집안 청소를 하고, 어항에는 먹이를 주지 않아도 되는 로봇 물고기가 헤엄칠 것이다. 또한 오후에는 아이들에게 영어와 숙제를 가르쳐주는 가정교사 역할도 할 것이다. 따라서 가까운 미래에는 집집마다 이런 가사 도우미 로봇을 한 대 이상 보유하는 개인로봇시대가 도래할 것이다. 예전에는 텔레비전이 각 가정에 한 대씩만 있다가 요즘은 방마다 있는 것처럼 식구마다 자신을 위한 로봇을 갖고자 하는 시대가 될 것이다.

엔터테인먼트 로봇은 말 그대로 사람을 즐겁게 해주는 로봇이다. 여러 형태의 애완용 로봇이 선보이고 있고, 스포츠나 게임을 즐길 수 있는 로봇도 등장하고 있다. 대표적인 예로 2005년 일본 소니사가 개발한 로봇 강아지 '아이보'가 있다. 앞뒤로 움직이고 꼬리를 흔들고 입을 열었다 닫는 로봇 강아지는 기쁨과 슬픔 등의 감정을 나타내기도 하고 사랑과 배고픔 같

네트워크 기반 지능형 서비스 로봇URC

은 본능도 드러낸다. 감성친화 로봇은 맞벌이 부모를 둔 아이들에게 좋은 친구가 될 수도 있다. 또한 실버 로봇은 적적한 노인들의 외로움을 달래주어 노인복지와 편의를 담당함으로써 고령화 문제를 해결하는 데 도움이 될 것이다. 실버 로봇은 노인의 친구 역할을 수행해서 정서적으로 안정감을 주는 것은 물론 치매관리, 건강분석, 이동보조 등을 통해 노인의 삶의 질 향상에 공헌할 것이다. 앞으로 혼자 지내는 시간이 늘어남에 따라 이런 형태의 로봇에 대한 수요가 급속도로 증가할 것이다.

이러한 로봇들은 로봇 각자가 모든 자료를 저장하기보다는 무선으로 대용량의 본부 컴퓨터와 거의 실시간에 빠르게 자료를 주고받게 된다. 이러한 네트워크 기반 지능형 서비스 로봇URC은 주인의 음성명령을 인식하고 무선인터넷 검색으로 날씨와 주식정보, 방범, 차표나 영화표 온라인 예약 등의 일을 처리해줄 수 있다. 방범, 경비 및 안내 등의 역할을 공공도우미 로봇이 담당함으로써 인간은 삶의 질을 향상시키는 다른 일에 더욱더 전념할 수 있을 것이다. 이는 출산율 저하에 따른 노동력부족 문제를 해결할 좋은 대안도 될 수 있을 것이다.

또한 수술실에서 사전검사를 통해 얻은 영상정보를 하나로 모아 높은 정밀성을 필요로 하는 뇌수술이나 어려운 수술에 로봇을 활용할 수도 있다. 첨단 수술 로봇은 시간이 많이 걸리는 힘든 종양수술도 높은 정확도로 미세한 부분까지 제거할 것이다. 나노미터 기술을 이용한 마이크로 의료 수술 로봇은 소화기 계통은 물론 더 나아가 그보다 훨씬 더 가는 혈관을 따라 항해하며 암이나 혈전들을 찾아내고 제거해 병을 치료할 것이다.

재활 로봇은 사고나 뇌손상으로 문제가 생긴 신체의 운동기능을 회복하기 위한 로봇으로 치료의 질을 향상시키고, 각 환자에게 맞게 일정한 속도와 힘으로 훈련할 수 있게 도와주어 치료비용을 절감시켜줄 것이다.

아울러 시각장애인을 위한 로봇 맹인안내견은 집안일을 대신해서 신체적 어려움을 겪는 사람들에게 실질적인 도움을 줄 수도 있다. 지능형 의수

수술 로봇

와 로봇 손처럼 인간의 생체를 모방해 신체활동을 도와주는 사이보그 기술의 발달로 드라마에나 등장하던 600만 불 사나이, 로보캅도 현실 속에 모습을 드러낼 것이다. 노약자와 장애인을 위한 지능형 침대, 휠체어, 보행보조 로봇은 실내외에서 노인들을 늘 부축해주는 파트너가 될 수 있을 것이다. 인간과 기계가 결합되어 인간의 능력을 향상시키는 착용 로봇은 로봇 옷처럼 입은 사람이 작용하는 힘을 증폭시켜 정밀하면서도 큰 힘을 필요로 하는 작업에 활용할 수 있을 것이다.

미생물처럼 작은 마이크로로봇은 식수원오염 문제를 해결하는 데도 이용된다. 즉, 식수원오염 문제가 갈수록 심각해지는 상황에서 로봇을 상수도관 누수 검사와 상수원 검사에 사용할 수 있다. 로봇 벌레는 인간을 대신해 인간의 손이 미치지 않는 곳까지 조사활동을 수행하기도 한다. 센서와 무선 송수신기를 탑재한 로봇 벌레가 지진으로 파괴된 건물의 잔해 속에서 생존자를 찾아내고, 집을 수리하는 도구가 될 수도 있다. 주택의 수도관으로 들어가 누수가 일어난 곳을 찾거나 단열재를 뚫고 들어가 석면을 찾고 주위를 점검할 수도 있기 때문이다.

그런가 하면 인간이 직접 진화하기 힘들거나 매우 위험한 화재의 진화를 위한 무인 방재 로봇도 개발될 것이다. 또한 침입자를 파악해 신고하거나 더 나아가 검거하는 방범 로봇도 있다. 화재예방과 방범활동 등 위험한 분야에서는 앞으로 로봇이 등장할 것이라고 해도 과언이 아니다. 교도소에서는 죄수감시형 로봇이 감옥의 복도를 이동하며 순찰할 것이다. 이 로봇은 소리와 화면을 전송할 수 있는 것은 물론 사람의 움직임과 소리, 냄새도 감지할 수 있으며, 죄수폭동 등과 같은 위험한 상황 속에서 임무를 수행할 수 있다.

군사용 로봇은 이미 인간의 생명을 위협하는 전장에 투입되어 경계, 보초 등의 임무를 수행하고 있다. 앞으로 10년 내에 군용 로봇을 개발해 보병부대와 대테러부대 등에 배치시키면 병사와 군사 로봇이 한 팀이 되어 작전을 벌이는 첨단형 군대로 바뀔 것이다. 정밀도가 뛰어난 카메라와 유효사거리 안의 표적물을 명중시킬 수 있는 총기를 갖춘 로봇이 보초병들을 대신해 부대 주변에 배치된다면 날씨나 육체적 피로와 관계없이 훨씬 우수한 근무성적을 나타낼 것이다. 그리고 카메라를 갖춘 소형 정찰기 등이 원격조정으로 적진의 상공을 촬영해 육상전투 때 정보를 전달할 것이다. 정찰용 로봇은 험준한 지형이나 장애물을 극복할 수 있고, 연막탄을 터뜨리거나 화학무기의 유무를 판단할 수도 있다. 지뢰탐지 · 제거 로봇은 땅속에 묻힌 불발탄이나 대인 · 대전차 지뢰 등을 탐지, 제거할 것이다. 중전투 및 화력지원 로봇은 무인전차나 무인비행기와 같이 대전차 미사일, 기관총 등 중화기를 탑재하고 영상센서가 인지하는 대로 본부의 지시에 따라 악천후나 야간에도 적을 확인해 공격할 수 있을 것이다.

　극한작업 로봇은 재난구조, 화재진압, 극지생물 탐사, 심해광물 수집, 원자력발전소 관리 등 다양한 역할을 수행할 것이다. 토목 · 건설에 동원되는 지능형 로봇은 대단한 활약을 보일 것이다. 건설 로봇을 투입하면 초고층 빌딩도 인력을 동원하지 않고 건설할 수 있다. 토목 · 건설공사는 골조공사에서부터 내 · 외장공사에 이르기까지 모든 공정에서 인간 대신 로봇이 작업을 대신할 것이다. 현재 토목 · 건설 분야에서는 벽을 인식해 충돌 없이 경로를 바꾸며 공사하는 바닥연마 로봇, 벽면을 따라가면서 드릴로 뚫는 로봇 등이 투입되고 있다. 이 로봇들은 더욱더 지능화해서 고층건물의 벽면을 따라 음파센서와 카메라를 이용해 이동하며 스스로 상황을 판단하고 건물의 안전을 진단하며 보수공사를 진행할 것이다.

사람을 대신하는 로봇은 매우 위험한 극한의 조건에서 진가를 발휘한다. 해저탐사는 로봇이 없으면 원천적으로 연구 자체가 불가능할 정도다. 지구 표면적의 70%를 차지하는 바닷속이나 영하 수십 도에서 이루어지는 극지탐사는 이제 로봇의 주요 활동무대가 될 것이다. 지상에서 고갈되고 있는 석유자원을 대신하기 위해 석유회사들은 원격조정 로봇으로 해저 50km 이하의 깊이에서 석유탐사작업을 할 수 있을 것이다. 이미 화성에는 로봇이 착륙해 지구 탄생의 비밀을 풀어줄 수많은 사진과 자료를 송부해주고 있다. 앞으로 로봇은 공기가 없고 온도가 매우 낮은 우주공간에서 우주선을 고치는 작업이나 달 표면의 기지건설 작업에 우선적으로 투입될 것이다.

교통체증이나 도로공사 등의 정보를 바탕으로 자동차의 흐름을 유도하는 지능형 교통 시스템도 따지고 보면 인간을 둘러싼 거대한 로봇의 개념으로 간주된다. 자동차를 타고 출근하는 동안 차량조정 로봇은 자동차의 상태를 점검하고 교통중앙센터와 통신해 사무실로 가는 도중의 교통상황을 음성으로 알려준다. 운행속도를 자동으로 조절하는 주행지원 시스템도 로봇 개념이 도입되지 않으면 해결할 수 없는 분야다. 자동차 로봇은 주인과 대화도 할 수 있고 스스로 판단해 충돌을 방지하는 등 사고를 예방할 수 있을 것이다.

이처럼 21세기 지능형 로봇은 IT, BT, NT 등 신기술 분야와 결합해 위험한 장소 또는 혹독한 환경도 개의치 않고, 반복되는 지루한 작업에도 전혀 싫증내는 일 없이 업무를 훌륭히 수행할 것이다. 때로는 인간보다 훨씬 신속하게 일을 처리하고, 심지어는 장인에게 뒤떨어지지 않는 솜씨도 보여

줄 것이다. 또한 휴대폰이나 컴퓨터처럼 우리의 일상생활에 없어서는 안 될 필수품목으로서 안전하고 편리한 삶을 제공할 것이다.

그러나 로봇의 활용이 증가되고 로봇이 우리 생활에서 중요한 위치를 차지하게 되면 그에 따라 나타날 심각한 부작용도 생각해보아야 한다. 로봇에 의존하다가 로봇에 종속되어 로봇 없이는 지내기가 어려워진다거나, 인터넷 게임이나 채팅에 중독되어 사회에 적응하지 못하고 죄의식 없이 범죄에 빠지듯 로봇과 지내면서 이웃, 동료들과의 대화가 점점 더 적어져 사회 전반적으로 큰 문제를 일으킬 가능성이 있다.

특히 경제사회적인 측면에서 보면 로봇이 육체노동을 대신하기 때문에 현재의 노동자들은 직장을 잃을 수도 있다. 또 과학기술이 발달해 로봇이 진화하면서 지적 능력은 물론 정서적 면에서도 인간과 교감할 수 있는 감정을 지닌 로봇이 탄생해 인간처럼 취급받으려 할 수도 있다. 그리고 애완견이 가족의 구성원으로 대우받듯이 수많은 로봇마니아가 생겨나 로봇권리운동을 벌이는 것도 상상해볼 수 있다. 또 인조 로봇과 사랑에 빠지는 영화 속 내용이 현실이 될 수도 있을 것이다. 아울러 로봇이 로봇을 조립하고 대량생산하게 됨에 따라 영화 〈터미네이터〉나 〈아이로봇〉에 등장하는 로봇처럼 인간의 통제를 벗어나려는 로봇이 나올 가능성도 있다. 로봇에 관한 문제는 단순히 공학기술 문제에서 그치는 것이 아니라 사회·심리학적 문제로 발전할 여지도 있는 것이다.

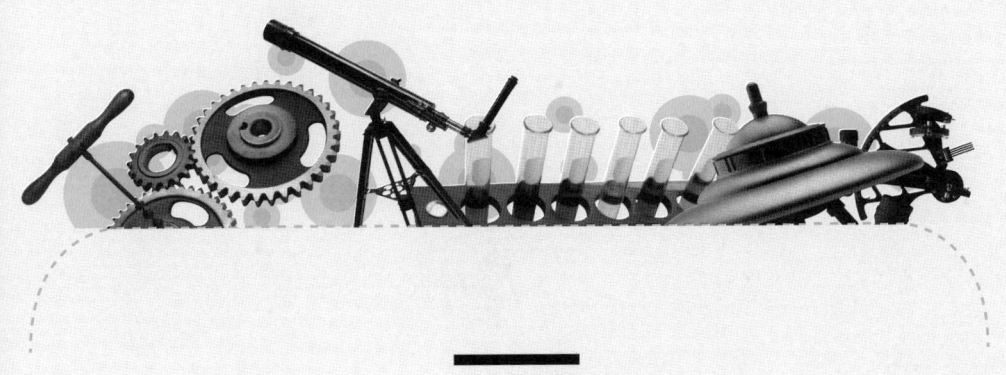

CHAPTER 12

과학기술이 여는 미래사회

김석준

영국 옥스퍼드대 밸리올칼리지 교환교수 / 하버드대 옌칭연구소 교환교수

이화여자대학교 · 경북대학교 · 대구대학교 행정학과 교수

현) 한국과학기술한림원 위원 / 현) 한국공학한림원 회원

현) 유네스코 한국위원회 위원 / 현) 과학기술정책연구원장

인류의 역사와 과학기술의 영향

인류는 거대한 혁명 속에서 문명을 발달시켜왔다. 기원전 8,000~6,500년
경 일어난 농업혁명으로 정착생활이 시작되었고, 도구를 사용하면서 농업
생산량이 확대되어 문화번영의 기틀을 마련했다. 이후 17~18세기 중엽에
산업혁명은 기계와 동력장치를 사용한 대량생산이라는 업적을 달성하여
사회적인 부를 누릴 수 있는 계층의 확대, 대중문화의 번성, 활발한 교역
등의 결과를 내고 이는 문화번영으로 이어졌다. 지금 우리가 살고 있는 21
세기를 흔히 디지털혁명기라 부르는데, 이는 기술혁신에 따른 산업구조의
변화로 시장규모가 국제적으로 확대되면서 글로벌시대를 열어가고 있음
을 의미한다.

다음에 우리를 기다리는 것은 어떠한 혁명일까. 미래학자들은 그린혁명

을 이야기한다. 녹색성장에 대한 관심의 증거는 이미 여러 분야에서 나타나고 있다. 1997년 지구온난화 방지를 위한 국제협약인 교토의정서를 통해 전 세계 선진국들은 온실가스 배출을 감축하고, 청정에너지 개발에 심혈을 기울이고 있다. 우리나라도 2020년 탄소배출량을 2005년을 기준으로 4% 감축하기로 확정 2020년 예상배출량의 30%하고, 녹색성장을 국가경제계획의 캐치프레이즈로 내세우며 적극 추진하고 있다.

이러한 일련의 과정 속에서 과학기술은 늘 한 단계 진보하는 큰 힘이 되어왔고 국가위기의 해법으로 등장했다. 1973년 제1차 오일쇼크가 한반도를 덮쳤을 때는 중화학공업에 대한 투자를 늘려 그간의 경공업 중심 산업을 중화학공업 중심으로 전환하면서 극복해냈다. 1979년 제2차 오일쇼크 때는 반도체와 자동차에 대한 투자·개발에 주력해 물가안정과 대외개방을 이루어냈다. 또 1998년 IMF 경제위기 때는 IT 벤처, R&D에 대한 투자, 대기업 구조조정 등을 통해 이겨냈다. 2008년 글로벌 경제위기 한파 속에서는 녹색성장에 투자하고, 신성장동력을 개발하며, 지식서비스산업이라는 미개척 분야의 산업개발에 힘써 지금의 경제성장을 이루어냈다.

이처럼 과학기술은 인류역사 발전의 기반을 구축했을 뿐 아니라 위기상황에서 더욱 가치를 발휘해 대한민국을 진일보시키는 힘이 되어왔다. 더 나아가 미래사회를 열어갈 원동력으로 명실상부한 위치를 차지하고 있다고 할 수 있다.

현 사회의 특성 및 문제점

우리가 살고 있는 현재는 경제적 격차, 인간소외, 생존·안전문제, 사회적 갈등 등 많은 문제점을 안고 있다. 경제적 격차는 그동안 계속 지적되어온 사회문제다. 산업화로 인해 인구의 대도시집중현상이 심화된 결과 메가시티인구 천만 명이 넘는 대도시가 증가해 2050년에는 전체 인구의 70%가량이 도시에 거주할 것으로 내다보고 있다. 인구의 도시집중은 도시환경 문제와 위생 문제는 물론 빈부격차를 심화시키는 문제를 야기할 가능성이 크므로 해결방안이 시급한 실정이다.

또 지속적인 성장을 위한 필수요인인 에너지와 자원의 부족 문제가 심화되고 있다. 중국이나 인도와 같은 신흥국가의 급성장으로 에너지 수요는 늘어나는 반면 사용 가능한 에너지양은 한정되어 있어 국가 간 자원확보 경쟁이 치열해지고 있다. 단편적인 예로 중국의 희토류 수출 제한과 러시아의 곡물수출 중지 선언을 들 수 있다. 자국의 경제성장을 위해 수출량을 조절 또는 제한하는 행위는 결국 국가 간의 자원확보경쟁을 불러와 자원부국과 자원빈국의 경제격차가 벌어질 수 있다.

가족개념의 변화도 인간소외와 자살률증가라는 사회적 문제를 야기하고 있다. 의료기술의 발달로 인간의 생명이 연장되어 고령화가 심화되는 한편, 이주민의 증가로 다문화사회화가 빠르게 확산되고 있는 추세다. 통계청의 자료에 따르면 2008년 평균수명이 남성 76.5세, 여성 83.3세로 1970년대에 비해 약 18년 정도 증가했다. 또 2009년 국제결혼 건수는 총 33,300건으로 전년 대비 감소'08년 36,204건했으나 혼인비중은 10.8%로 2004년 이후 10% 이상을 계속 유지했다. 즉, 10쌍 중 1쌍이 국제결혼을 하는 셈이다. 노령인구와 다문화가족수가 점진적으로 증가하면서 기존 가족개념의 변화가 요구된다. 새로운 사회집단에 대한 긍정 및 기존 집단과의 융화가 이루어지지 않을 경우 인간소외로 이어져 극심한 우울증 또는 대인기피, 집단소외, 자살 등의 사회적 문제를 일으킬 가능성이 지적되고 있다.

사회적 갈등은 그동안 지속되어온 종교적 · 문화적 · 역사적 갈등이 존재하는 가운데 테러위협이 증가하고 있어 불안과 갈등이 증폭되고 있다. 민족과 이념을 둘러싼 갈등은 한 국가의 문제에 그치지 않고 세계적 문제로 확산되고 있다. 2010년 중국의 반체제 인사인 류샤오보 박사가 노벨평화상 수상자로 선정되면서 서방국가들이 중국에 압력을 행사했다. 과거에는 국가체제에 반대하는 운동가와 이를 수감하는 국가의 행태는 각 국가가 해결해야 할 문제로 여겨졌으나 이제는 전 세계적 문제로 보고 있고, 그 향방에 대해 모든 나라들이 주목하고 있는 실정이다. 특히 한국은 남북한이 대치하고 있는 특수지역으로 늘 테러 위협에 시달리고 있으며, 중국 및 일본과의 관계에서도 동북공정 및 독도영유권 문제 등 역사적 갈등이 남아 있는 상황이다.

세계보건기구의 발표에 따르면, 1970년 이후 매년 최소한 한 가지 이상의 질병이 발생해 총 39개의 신종 질병이 생겨났다고 한다. 이러한 전염병 발생 위험의 증대는 세계를 또 다른 공포에 몰아넣고 있다. 신종인플루엔자, 슈퍼박테리아 등 현재 세계 각국에서 발생되는 전염성 질병은 해외여행 등 국가 간의 교류가 활성화됨에 따라 전염속도가 더 빨라지고 있다. 우리나라의 경우는 특히 기후변화에 따라 아열대성 질환이나 조류독감 등의 발생가능성이 높아지고 있는 실정이다.

그렇다면 현재 사회에 내재되어 있는 이 다양한 문제점들과 앞으로 심화될 가능성이 있는 문제점들을 어떻게 해결해나가야 할 것인가. 국가위기 상황 때마다 과학기술이 해법이 되어왔듯이 현재는 물론 미래사회에

닥칠 문제들도 과학기술을 통해 하나씩 풀면서 미래를 만들어나가야 할 것이다.

과학기술을 통해 구현될 미래사회

미래사회를 이야기할 때 중심이 되는 것은 바로 '인간'이다. 우리나라는 이미 양적인 경제성장을 달성하여 이제는 질적인 성장으로 사회 전반의 흐름이 변화하고 있다. 이와 같은 사회 패러다임의 변화는 인간의 가치가 존중되는 사회로의 전환을 의미한다. 그러므로 우리나라가 지향하는 미래사회는 "과학기술을 통해 삶의 가치를 높일 수 있는 사회를 실현"하는 데 중점을 두고 있다.

앞서 언급한 사회적 문제들은 미래사회에 대한 여러 가지 수요를 창출한다. 이를테면 인구구조의 변화는 노동이 가능한 인구수의 변화로 이어져 고령화사회를 지탱해나가기 위한 의료기술 등 노인복지서비스, 부족한 노동력을 보완할 수 있는 기술 등에 대한 수요가 발생할 것으로 보인다. 또 다문화사회의 언어문제를 해결하기 위한 기술력, 전염병의 위협에서 벗어날 수 있는 간편한 의료기기 등 여러 방면에서 다양한 요구가 형성되고 있다.

교육과학기술부는 삶의 가치를 높이며 꿈을 실현할 수 있는 사회의 구현을 비전으로 삼고, 2040년까지 글로벌 과학기술선도국 실현을 목표로 하고 있다. 이에 다음과 같이 과학기술이 열어갈 미래사회의 모습을 제시했다.

2040년 미래사회의 모습

자연과 함께하는 세상

- 청정에너지가 풍족한 사회
- 기상예측정보를 활용한 안정된 생활
- 폐기물 발생을 최소화하는 생활환경

건강한 세상

- 난치병 치료 등 바이오기술이
  발전하는 사회
- 신종질병 및 전염병 예방체계 구축
- 범죄와 테러가 예방되는 안전한 사회

풍요로운 세상

- 로봇이 경제의 원동력으로 부상
- 녹색혁명을 통해 식량자급이 가능한 사회
- 첨단기능소재의 발달로 풍요로운 세상

편리한 세상

- 다양한 로봇 개발로 편리한 생활환경
- 현실세계와 가상세계가 하나로
  공존하는 사회
- 사물과 공간이 네트워크로 연결되는
  유비쿼터스 사회

*출처 : 교육과학기술부(2010)

❶ 자연과 함께하는 세상

지속 가능한 미래사회를 구축하기 위해서는 현재의 경제적 발전을 유지하는 한편 자연자원을 최대한 활용할 수 있는 방안을 모색해야 할 것이다. 청정에너지 개발, 자원재활용 방안 마련 및 실천이 지속적으로 이루어진다면 경제발전은 물론 환경보전도 이룰 수 있는, 자연과 함께하는 세상이 구현될 수 있다.

국내 산업의 발달로 에너지 수요가 증대되는 추세에서 청정에너지의 개발은 에너지부족 문제와 함께 환경 문제까지 해결할 수 있는 일거양득의 과학기술이라 할 수 있다. 정부가 지속적으로 추진 중인 차세대 원자로의 경우 지금 가동하고 있는 원자로에 비해 연료효율성이 높아 국내 전기생산량의 많은 부분을 담당할 것으로 기대되고 있다. 또한 수소발전 시스템을 통한 수소 연료전지 발전과 수소 자동차 운행은 기존의 화석연료를 대체하는 새로운 연료로서 화석연료의 고갈이라는 지구적 문제로부터 벗어날 해결책이 될 것이다. 이와 함께 우주에너지 활용, 핵융합발전 등 미래기술을 이용한 에너지 생산방식은 청정에너지를 풍족히 사용할 수 있는 미래사회를 만들어갈 원동력이 될 것이다.

최근 한반도를 둘러싼 기상이변은 자연이 불러온 재해지만, 다른 측면에서 보면 정확한 예보가 이루어지지 않아 일어난 인재人災이기도 하다. 자연과 함께하는 미래사회에서 필요한 것은 자연을 제대로 읽어내는 능력일 것이다. 이에 과학기술은 전 지구 규모로 미래의 기후변화를 예측할 수 있는 지구환경 예측기술은 물론, 재해발생 가능성을 사전에 예측할 수 있는 기상재해 예측기술의 구현을 위해 힘쓰고 있다. 기상예측이 정확히 이루어진다면 이를 바탕으로 적절한 농업계획의 수립과 대책마련이 이루어져 농업생산성 향상에 일조할 수 있다. 나아가 자연을 정확히 관측하는 데 그치지 않고, 인공강우·강설 조절기술과 같이 기상을 조절해 홍수나 가뭄을 관리하고, 인명피해와 재산손실을 최소화하는 사회를 구현할 수 있을 것으로 기대된다.

새로운 에너지개발 및 자연분석 기술과 더불어 생활에서 발생되는 각종 폐기물들을 최소화할 수 있는 재활용 기술 및 에너지변환 기술이 필요하다. 가정용 폐기물, 핵폐기물 감소기술, 오염된 토양을 정화하는 식물개발, 탄소경제 선진국으로 진입하기 위한 이산화탄소 포집 저장기술 등 환경오염을 방지하는 기술이 보편화되면서 미래사회에는 친환경 생활환경이 조성될 것으로 예측된다.

❷ 풍요로운 세상

과학기술을 통해 삶의 가치를 높일 수 있는 미래사회를 만들어나간다는 비전은 삶의 질 향상이라는 목적을 가진다. 삶의 질을 논할 때 흔히 객관적 차원의 물리적 가치와 주관적 차원의 개인적 만족감을 들어 설명한다. 물리적 차원인 삶의 질은 말 그대로 의식주나 노동환경 등 객관적 지표로 나타낼 수 있는 것으로 풍요로운 삶을 이루는 근본요소라 할 수 있다. 그러므로 물리적 조건을 충족시킬 수 있을 때 주관적인 만족감, 성취감 등의 감정지표가 성립될 수 있다 하겠다.

풍요로운 미래세상은 객관적 차원의 삶의 질을 한 단계 향상시키는 데 방향성을 두고 있다. 노동환경의 문제, 식량문제, 의복 · 주거문제 등이 대표적인 예다. 우리나라는 2026년쯤 초고령사회로 진입할 것으로 예상되는데, 이에 따른 경제활동인구의 감소로 노동력부족이 사회문제로 지적되고 있다. 부족한 노동력 문제의 해결방안을 미래사회는 로봇산업에서 찾고 있다. 인간의 감성을 인식하는 로봇에서부터 재난극복이나 군사용, 의료용 등에 이르기까지 전문 분야에서 제 기능을 하는 로봇 관련산업이 활성화될 것으로 보인다.

또한 미래사회는 2010년 배추가격 폭등사태와 같이 불안정안 식량공급 문제를 제2의 녹색혁명으로 해결하고 식량자급률 100% 달성을 지향한다. 이에 따라 농 · 축산업이 핵심산업으로 부상할 것이다. 농장의 개념도 지금의 수평식 농장이 아닌 수직 · 빌딩형 농장으로 바뀌고 컴퓨터가 자동으로 관리하는 시스템이 도입될 것이다. 도시 주변에는 바이오매스로 쉽게 전환될 수 있는 대용성식물을 재배하여 에너지자원으로도 활용이 가능해진다.

더불어 신소재 섬유를 개발해 어떠한 자연환경에서도 간편한 옷차림으로 외출할 수 있게 하는 연구가 진행 중이다. 소재의 개발은 섬유뿐 아니라 건축소재, 초전도소재, 자가회복 가능 지능형소재 등 여러 분야에 걸쳐 진행되고 있다. 미래사회에는 강도는 높지만 가벼운 새로운 건축소재가 개발되어 수월하게 초고층 빌딩을 건축하고, 이로써 주거문제가 해결되어 풍요로운 삶을 영위할 수 있을 것이다.

❸ 건강한 세상

삶의 질을 측정하기 위한 지수 중 건강지수, 안전지수는 삶의 질을 판단하는 주요 지수에 해당한다. 인류의 수명증가 및 인구구조의 변화로 나타난 노인계층의 확대는 앞으로 건강하게 살 수 있을지에 대한 높은 관심으로 나타났다. 미래사회는 이러한 요구를 해결할 열쇠를 과학기술에서 찾고 다방면의 해결책을 제시해줄 것으로 보인다.

오래 살 수 있다 해도 건강하지 않다면 의미 없는 시간이 된다. 나이가 들어서도 젊은이처럼 활동적으로 생활할 수 있게 만드는 바이오기술의 발전이 새로운 사회를 열어갈 것이다. 미래사회에는 개인의 유전적 특성에 따른 맞춤형 치료, 인공혈액의 개발, 줄기세포를 활용한 장기재생기술의 상용화, 뇌신경세포 복원기술의 개발 등을 통해 노화된 장기를 대체하고, 난치병 치료가 가능해지며, 치매와 파킨슨병의 치료가 가능해질 것이다.

또 현재 계속 나타나고 있는 신종질병에 대한 예방 및 방어 시스템의 구축도 굳건해질 것이다. 컴퓨터모델링 기법을 활용해 질병의 발생이 예상되는 지역을 예측하고, 조기감지로 병원체의 유입을 차단해 신속한 방재와 치료가 가능한 전염병방어 시스템을 구축하며, 신종질환이 발생하더라도 빠르게 원인을 규명하고 백신 및 치료약을 개발하는 기술, 인간의 면역체계 이상을 규명하고 치료하는 기술 등을 개발해 질병에 대한 안전지대를 만들어갈 것이다.

우리나라는 특수한 안보적 여건으로 다른 국가에 비해 안전위협이 높은 편이다. 북한과의 대치, 중국·일본과의 갈등이 지속될 가능성이 높지만, 첨단안보체제를 구축해 안전한 사회를 구현할 수 있을 것이다. 영화 〈마이너리티 리포트〉에 나오는 범죄예방 시스템이 미래사회에서는 실제로 가능해질 것이다. 중범죄자 및 우범자의 실시간 추적 등 범죄예상 시스템이 고도화되어 범죄를 사전에 예방할 수 있는 시스템 기술이 확립될 것이다. 또한 늘어나는 가상공간에서의 보안문제 역시 정보보안 고도화 기술을 통해 사이버테러를 방지하고 안전성이 향상될 것이다. 군대에서는 유인조종 시스템에서 이루어지던 많은 부분이 무인조종 시스템으로 전환되고, 군인들의 전투력향상을 위한 다양한 장비초경량 방탄조끼, 초소형 컴퓨터와 무전기, 화생방 방호기능 헬멧 등의 개발로 생존율이 높아질 것이다. 나아가 우주공간을 활용한 방어 시스템의 개발도 기대해볼 만하다.

❹ 편리한 세상

우리나라는 첨단정보통신 인프라를 보유하고 있고, 세계 수준의 인터넷 사용률로 IT기술이 급속히 성장하고 있다. 이러한 성장의 기세를 몰아 미래사회에는 복합적인 공존의 세계를 열어갈 것이다. 사람과 로봇의 공존, 현실세계와 가상세계의 공존, 공간과 공간의 공존이 간단한 센서로 연결되는 편리한 세상이 바로 그 미래사회의 모습이다.

로봇기술의 발달은 인류의 편리한 생활을 도모하는 방향으로 발전해 세계인을 이어줄 수 있는 만국어 번역기, 장애인과 비장애인의 경계를 무너뜨릴 착용형 로봇, 가사와 육아를 담당하는 로봇, 교육과 오락 및 서비스를 제공해주는 로봇에 이르기까지 다방면에 걸쳐 활용될 것으로 보인다.

정보통신기술의 발달은 현실세계가 공존하는 다층적 세계를 만들어내서 가상현실체험을 통한 교육 시스템, 휴먼컴퓨터 인터페이스 기술을 통해 사용자가 가상공간에서도 현실감 있는 촉각·시각 등을 느낄 수 있는 서비스를 제공할 것이다. 아울러 사이버 공간에서 아바타가 자율적으로 판단하고 행동해 개인의 여가시간이 확대될 수 있는 기술 등의 개발을 기대할 수 있다.

유비쿼터스 시스템은 기존의 기술을 더욱 발달시켜 주변정보를 실시간으로 분석해 사용자에게 폭넓은 서비스를 적절히 제공할 수 있게 하고, 모든 사물과 공간이 네트워크로 연결될 것이다. 미래에는 원하는 정보를 어디서나 제공받을 수 있는 스마트디스플레이가 보편화하고, 생체정보를 활용해 개인정보를 분석하는 자동신원인식 시스템이 구축될 것이다.

이와 같이 교과부에서 제시한 2040년 미래의 모습은 물리적인 삶의 질 향상뿐 아니라 개인적 만족감까지 높일 수 있는 요소를 갖추고 있다. 발전에만 치중하던 과학기술이 인간에게 눈을 돌려 삶을 더 풍성하게 만들어주고, 인류가 지속 가능한 발전을 이룩하기 위해 노력한다는 점이 미래사회의 모습에서 드러난다고 할 수 있다.

미래사회에 필요한 인재상

18세기 농경시대에 필요한 인재는 농부였다. 19세기 산업화시대로 접어들면서 사회는 공장근로자를 필요로 했고, 20세기 정보화시대에는 지식근로

자를 필요로 했다. 사회는 정보와 지식중심의 시대에서 콘셉트와 감성이 중요한 시대로 변화하고 있으며, 공감능력을 소유하고 창작이 가능한 인재를 필요로 하고 있다.

미래는 주어지는 것이 아니라 인간이 만들어가는 것이다. 앞서 언급한 과학기술이 구현해내는 미래의 모습은 현재를 사는 우리에게는 SF영화에나 나오는 소재로 느껴질 수 있다. 그러나 우리는 과거 영화 속에 등장했던 눈부신 상상의 산물들을 지금 여기에서 누리고 있다. "미래를 예측하는 가장 좋은 방법은 미래를 창조하는 것이다The best way to predict the future is to create it." 라는 피터 드러커Peter Drucker의 말에서 알 수 있듯이 미래는 우리 손에 달려 있다.

미래는 현재 우리가 겪고 있는 많은 위협과 불확실성을 안고 그 위에 세워진다. 이러한 불확실성의 미래는 미래를 이끌어갈 사람들의 창의적 사고를 필요로 한다. 유연한 아이디어, 기발한 생각, 분야나 공간을 가로지르거나 경계를 허물어보는 실험정신이 필요하다. 미래를 만들어내는 힘이 창의력이라고 하는 판단은 어제오늘의 일이 아니며, 세계는 이미 창의력에 지대한 관심을 보이고 있다. 유럽연합은 2008년을 '창의와 혁신의 해'로 선포했고, 2009년 미국 시카고에서 열린 세계미래회의의 화두 역시 창의와 혁신이었다.

우리나라의 경우 2000년 '영재교육진흥법'을 제정해 초·중등 영재들의 창의성을 발현시키기 위해 노력했고, 2004년 '창의적 인재 양성을 위한 수월성교육 종합대책'을 수립했다. 특히 이명박 정부에서 글로벌 창의인재의 양성이 강조되면서 창의교육에 대한 관심이 높아지고 있다.

창의인재를 육성하기 위해 대학입시제도도 변화하고 있는 추세다. 대학들이 입학사정관제도의 핵심평가항목으로 내놓는 것이 주로 창의력과 잠재력이다. 카이스트의 경우 신입생의 20%를 창의력을 중심으로 선발하겠다고 밝혔고, 포항공대는 300명 전원을 입학사정관제를 통해 뽑겠다고 밝혔다. 실기가 중시되는 미대 입시에서도 홍익대는 2013년 실기고사를 폐지하고 입학사정관이 참여하는 심층면접을 진행하겠다고 밝히는 등 입시제도의 변화를 통해 창의력과 잠재력을 지닌 미래 인재를 선발하려는 대학들의 의지가 드러나고 있다.

창의성이란 새롭고 독창적이며 유용한 것을 만들어내는 인간의 능력 Heinze, 2007이며, 독창적이고 가치 있는 산출을 생산하기 위해 형성된 상상력의 활동NACCCE, 1999으로 정의된다. 결국 창의성이란 상상, 감성, 지식을 바탕으로 발산되는 두뇌활동이라 할 수 있다.

창의인재가 내놓는 창의적 아이디어는 자원이 부족하고 국토가 좁고 수많은 사회경제적 과제를 안고 있는 우리나라가 21세기를 순항하는 데 가장 중요한 자산이 될 것임에 틀림없다. 그러므로 미래사회가 요구하는 창의인재의 양성을 위한 국가차원의 노력이 필요한 시점이다. 창의인재를 육성하기 위한 학교문화를 조성하고, 학교 교육과정에 창의성을 강화할 수 있는 방안을 추진해야 한다. 또한 개인이 자유롭게 아이디어를 내고 이를 받아들일 수 있는 사회문화도 조성해야 할 것이다. 특히 미래사회를 열어갈 주요기술인 과학기술 분야의 창의적 우수 과학인재를 육성하기 위해 과학기술을 사회와 결합시키는 STSScience, Technology, Society 교육을 통해 실생활 및 사회와 밀접한 과학교육문화를 조성해 미래 인재를 양성해야 할 것이다.

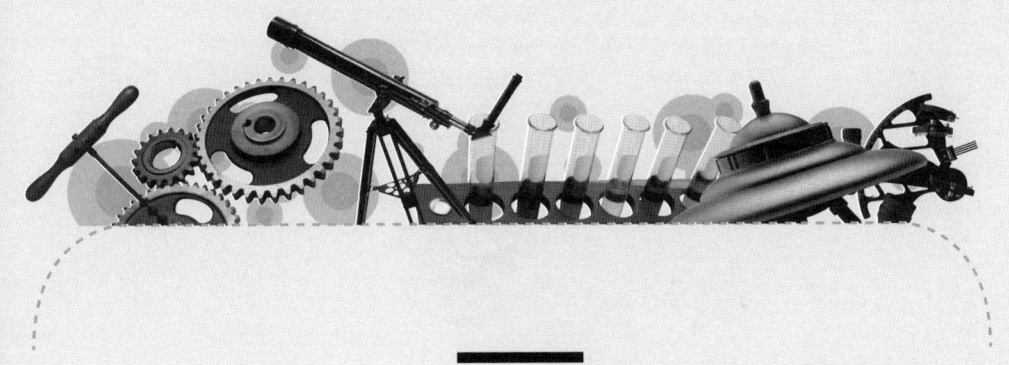

CHAPTER 13

21세기의 키워드 생명과학

나도선

미국 노던일리노이대학 생화학박사 / 한국생화학분자생물학회 회장

한국과학문화재단 이사장 / 여성생명과학기술포럼 회장

한국여성과학기술단체총연합회 회장 / 현) 한림과학기술정책연구센터 소장

현) 울산의대(서울아산병원) 교수

생명과학이 여는 바이오시대

몇 년 전부터 신종플루, 줄기세포, DNA로 신분확인 등 생명과학 관련 이슈가 언론에 등장하는 빈도가 눈에 띄게 늘었다. 바야흐로 생명과학시대인 것이다. 생명공학은 보건의료, 식량, 에너지, 환경 등 인류생존과 관련해 모든 부문의 문제를 해결할 가장 중요한 기술인 동시에 아마도 유일한 기술일 것이다. 세계 경제는 지난 30년간의 정보통신혁명을 거쳐 바야흐로 바이오경제시대로 급속히 재편되고 있다. 2020년에는 본격적인 바이오경제시대가 될 것이다. IT/BI/NT의 기술융합이 변화를 주도하게 될 2020년 바이오경제시대에 대비하려면 생명공학을 이해해야 한다.

근대 생명과학의 효시는 찰스 다윈Charles Darwin, 1809~1882이 출판한 역저 『종의 기원』1859이다. 다윈은 아버지의 희망에 따라 에든버러 의과대학에 입학했지만 흥미를 느끼지 못해 1년 만에 그만둔다. 그 뒤 케임브리지 대학 신학과에 진학하지만, 역시 흥미를 느끼지 못해 신학·지질학·생물학을 복수전공해 1831년에 대학을 졸업한다.

졸업 후 마침 남미탐험에 나서는 영국군함탐험선 비글호에서 박물학자를 찾는다는 소식에 흥미를 느낀 다윈은 이에 응모해 비글호에 승선한다. 다윈은 비글호를 타고 5년간 갈라파고스 제도를 탐험하는 동안 수천 점의 동식물·암석·광물 표본을 채집해 세세히 기록한 자료를 가지고 1836년에 돌아온다. 그는 수천 점의 표본을 분류하고 연구를 거듭해 몇 년 뒤 생물은 신이 창조한 것이 아니라 오랜 세월에 걸쳐 변화를 거듭해온 것이라는 '진화론'의 뼈대를 완성하지만 이를 세상에 발표하지 않는다. 그리고 결국 연구를 시작한 지 23년이 되는 해인 1859년 『종의 기원』이라는 논문을 발표하기에 이른다. 창조론이 진리로 받아들여지던 19세기 중반 『종의 기원』의 진화론은 많은 논란을 불러왔다.

다윈 이후 근대 생물학의 또 다른 혁명이라 할 수 있는 것은 제임스 왓슨James Watson과 프랜시스 크릭Francis Crick이 이룬 DNA 이중나선구조의 발견1953이다. DNA 이중나선구조의 발견으로 모든 생물의 DNA 정보가 사멸되지 않고 끝없이 후손에게 전달된다는 생명의 비밀이 밝혀진 것이다. 대부분은 왓슨과 크릭만 기억하지만, 사실 로잘린드 프랭클린Rosalind Franklin이라는 천재 여성과학자가 측정한 엑스레이 결정 사진이 있었기에 그것이 가능했다. 안타깝게도 프랭클린 박사는 1962년 DNA 이중나선구조의 발견으로 노벨상을 수상하기 전인 1958년 37세로 요절했다.

프랭클린 박사의 제자인 아론 클루그Aaron Klug 박사는 1982년에 노벨상을 받았다. 여기에는 가슴 뭉클한 이야기가 숨겨져 있다. 클루그 박사는 남아프리카공화국 출신으로 영국에서 장학금이 끊기는 바람에 본국으로 돌아가야 할 형편이었다. 그런데 프랭클린 박사가 그 사정을 알고 클루그에게 유산을 남겼고, 클루그는 그 돈으로 영국에 남아 연구를 할 수 있었다고 한다.

생명과학의 역사에서 가장 유명한 단백질은 당뇨병 치료제인 인슐린이다. 1921년 캐나다 토론토 대학의 젊은 의사 프레더릭 밴팅Frederick Banting은 췌장의 음식물 소화효과에 대해 연구하던 도중 췌장을 제거한 개의 오줌에 개미가 몰려드는 현상을 관찰했다. 그런 현상에 의문을 가진 밴팅은 개의 오줌을 분석했다. 놀랍게도 췌장을 제거한 개의 오줌에는 다량의 당 성분이 섞여 있었고 혈당수치도 높았다. 이는 췌장에 혈당을 낮추는 어떤 물질이 있다는 것을 의미했다. 당시에는 혈당을 조절하는 약물이 없어서 당뇨병으로 혼수상태에 빠져 죽어가던 어린 환자가 병원에 여러 명 있었다. 췌장에 있는 물질을 정제하면 그 환자들을 살릴 수 있을 것이었다.

1922년, 의학 역사에서 잊지 못할 사건이 일어났다. 당뇨병으로 혼수상태에 빠져 죽어가던 환자들에게 췌장에서 정제된 단백질인슐린을 주사하자 단 몇 분 만에 거짓말처럼 깨어난 것이다. 노벨상위원회는 바로 다음 해인 1923년 밴팅에게 노벨상을 수여했다. 이후 일라이 릴리 제약사가 인슐린을 대량생산해 판매하면서 지금까지 수억 이상의 사람들이 혜택을 보았다. 세종대왕도 당뇨병으로 고생을 많이 했다고 알려져 있다. 당뇨병 때문에 쉰 살도 안 되어 거의 눈이 멀었다고 하는데, 만약 그때 인슐린이 있었다면 우리 역사도 달라졌을 것이다.

단백질의 아미노산 순서를 알아내는 것은 과학자들의 오랜 숙제였다. 그런데 1955년 영국 케임브리지 대학의 프레더릭 생어Frederick Sanger 박사가 단백질 서열을 분석하는 방법을 개발할 때 사용한 단백질이 바로 인슐린이었다. 생어 박사는 단백질의 아미노산 서열 분석방법을 개발한 공로로 1958년 노벨상을 수상했다. 인슐린은 생명공학시대를 연 최초의 단백질이기도 하다. 1978년 유전자 재조합 방법으로 대장균을 이용한 기술을 활용해 인간 인슐린이 생산되었다.

단백질 분석 분야에 획기적인 변화를 가져온 사람은 일본의 중소기업 시마즈제작소의 젊은 연구원 타나카 코이치였다. 타나카는 단백질의 질량을 빠르고 정확하게 분석할 수 있는 기술을 개발했다. 이 기술은 나중에 세포 속의 수많은 단백질을 빠르게 분석할 수 있는 단백질 질량분석기의 개발로 이어졌다. 타나카는 대학을 졸업하고 회사에 입사한 지 불과 2년 만에 큰 성과를 냈다. 사실은 교육을 많이 받지 않아 고정관념에 사로잡히지 않았던 것이 성공의 가장 큰 요인이었다. 타나카는 이 공로로 2002년 노벨화학상을 수상했다. 노벨과학상 분야에서 대학원에 다닌 적 없는 수상자는 타나카 한 사람뿐이다.

생명공학기술은 21세기의 연금술

생명공학기술은 생물을 이용해 다른 방법으로는 불가능한 제품을 만들거나 생산량을 획기적으로 늘릴 수 있게 하는 기술이다. 이를테면 성장호르몬은 키가 비정상적으로 작은 어린이를 치료하는 데 쓰이지만, 인간 사체의 뇌하수체에서 정제하기 때문에 생산량이 제한될 수밖에 없었다. 그런데 생명공학기술의 개발로 대장균을 이용해 인간 성장호르몬을 싼값에 무제한 생산할 수 있게 되었다. 당뇨병 치료에 쓰이는 인슐린은 돼지의 췌장을 이용해 정제했기 때문에 값이 비싼 데다가 돼지 인슐린과 인간 인슐린은 아미노산 한 개가 다르기 때문에 장기간 사용하면 환자의 몸에 항체가 생긴다는 문제가 있었다. 이 문제도 인간 인슐린을 대장균에서 생산함으로써 해결되었다.

1970년 존스홉킨스 대학의 대니얼 네이선스Daniel Nathans 교수가 DNA를 특정 위치에서 자르는 제한효소를 발견한 것이 생명공학기술의 출발점이었다. 이로써 유전자를 자르고 붙여서 융합된 유전자를 만드는 것이 가능해졌던 것이다. 1974년 캘리포니아 대학의 허버트 보이어Herbert Boyer 교수와 스탠리 코헨Stanley Cohen 교수는 유전자 재조합 기술을 확립하고 특허를 제출한다. 이 기술의 상업적 가능성을 주목한 벤처사업가 로버트 스완슨Robert Swanson은 보이어 교수를 설득해 1976년 바이오벤처 회사인 제넨텍을 설립했다. 제넨텍은 1978년 화학적으로 합성된 인간의 인슐린 유전자를 대장균 유전자와 연결해 최초의 유전자 재조합 단백질인 인간 인슐린을 생산했다. 이어서 1979년에는 인간 성장호르몬도 대장균을 이용해 생산해냈다. 그 결과 제넨텍은 1만 3천 명의 직원을 둔 회사로 성장했다.

1980년 설립된 암젠은 세 명의 과학자가 실험실 벤처로 시작한 회사다. 동물의 배양세포를 이용해 유전자 재조합 적혈구 증식인자EPO를 생산하는 기술 하나로 회사가 설립되었다. EPO는 암환자의 방사선치료 성적을 획기적으로 좋게 만드는 효능이 있어 천문학적 매출을 기록하고 있다. 암젠은 2009년 단 9개의 제품으로 매출 146억 달러약 16조 원, 이익 58.5억 달러약 6조 4천억 원라는 경이적인 실적을 올렸다. 불과 30년 만에 1만 7천 명의 직원을 둔 회사로 발전한 암젠을 볼 때 생명공학기술은 21세기의 연금술이라고 해도 과언이 아니다.

인간게놈프로젝트

1975년 영국 케임브리지 대학의 생어 교수는 DNA의 염기서열을 분석하는 방법을 발명했다. 그렇다면 30억 개나 되는 인간의 유전자 전체를 해독하는 것이 가능할까?

인간게놈프로젝트는 생물학에서 '인류의 달 착륙 프로젝트'에 버금가는 일대 사건이다. 이는 30억 개나 되는 인간 유전자의 염기서열을 밝히고 모든 유전자의 위치를 밝힌다는 원대한 계획이다. 인간 유전자의 염기서열을 분석하려면 DNA를 작은 조각으로 자르고 붙이는 유전자 재조합 과정이 필요하다. 문제는 이 과정이 시간이 오래 걸리는 데다 천문학적인 비용이 들어간다는 점이다.

1983년 캐리 멀리스Kary Mullis 박사는 DNA 증폭기술을 발명했다. DNA 증폭기술은 학계에 널리 알려져 있던 DNA 중합효소반응을 연쇄적으로 시행해 DNA를 증폭시키는 기술이다. 이는 새로운 발명이라고 할 수 없을 만큼 간단한 기술이지만, 인간게놈프로젝트를 가능하게 할 정도로 효과가 커서 생물학의 혁명을 일으켰다. 이 기술이 없었다면 인간게놈프로젝트는 거의 불가능했을 것이다. 1994년, 노벨상위원회는 논란 끝에 멀리스 박사에게 노벨상을 수여했다. DNA 중합효소 연쇄반응은 생물학 전반과 의료 분야에서 혁명을 일으켰다. 머리카락 한 올, 칫솔에 묻은 세포 등 단 한 개의 세포만 있어도 신원확인이 가능하므로 응용 분야가 무궁무진하다.

인간게놈프로젝트는 2003년에 완성돼 30억 개나 되는 인간 유전자의 염기서열이 모두 밝혀졌다. 인간게놈프로젝트를 완성하는 데 30억 달러의 비용이 들었지만, 기술의 발달로 그 비용이 파격적으로 낮아지고 있다. 2010년 현재 1만 달러 이하의 비용으로 가능하며 2~3년 내에 수천 달러로 가능해질 것으로 전망된다. 이에 따라 앞으로 수년 이내에 유전자분석 분야의 시장이 급속히 성장할 것이며, 시장도 시간이 갈수록 증폭될 것이다. 바야흐로 바이오시대의 서곡이 울리고 있는 것이다.

게놈분석기술의 발달은 질병을 진단, 치료하고 예방하는 방법을 획기적으로 변화시킬 것이다. 미국에서는 개인의 유전자를 분석해주는 회사들이 성업 중이다. 그런데 인간게놈프로젝트가 끝났다고 해서 인간 유전자의 기능이 모두 밝혀진 것은 아니다. 유전자의 기능을 다 밝혀내려면 앞으로 50년 이상이 걸릴 것이다.

바이오신약

생명과학은 21세기의 경제를 견인한다. 현재는 생명과학의 부가가치 중 90%가 의료 분야, 특히 바이오신약 분야에서 나온다. 아직은 환경·에너지·농업 분야가 그리 크지 않으나 이 분야가 눈부시게 성장하고 있어 앞으로는 비중이 커질 것이다. 신약개발은 전통적으로 정밀화학 분야가 컸지만 2002년부터는 바이오신약이 정밀화학 분야를 능가했으며 나날이 성장하고 있다. 바이오 의약품의 중점 분야는 단백질 치료제, 항체 치료제, 백신, 줄기세포 치료제다.

단백질 치료제의 효시는 미국의 제넨텍이 1982년에 발매한 인슐린과 성장호르몬, 그리고 암젠의 적혈구증식인자EPO다. 항체 치료제 시장은 지난 수년간 하루가 다르게 성장해왔다. 암, 류머티즈 관절염, 아토피 피부염 치료제가 개발되었으며 2008년 세계시장 규모는 372억 달러에 달했다. 백신의 경우 폐렴, 자궁경부암, 간염, 인플루엔자 예방백신 등이 출시되었고,

2008년 세계시장 규모는 250억 달러다. 줄기세포 치료제는 암질환, 자가면역질환, 당뇨병, 심장병, 골다공증, 신경손상질환, 피부, 뼈 등 다양한 질병에 대해 임상시험 중이며 이미 실용화 단계에 들어섰다.

앞으로 수년 이내에 의료 서비스에 일대 혁명이 일어날 것이다. 언제 어디서나 치료받는 U-헬스케어 서비스가 도입되어 원격진료가 일상화될 것이다. 의료 서비스의 개념이 단발성 치료에서 평생진료로 바뀌고 있다.

식량

식량의 중심에는 종자시장이 있다. 좋은 종자를 쓰면 병충해도 적고 산출량도 획기적으로 는다. 종자시장은 매년 15% 이상 성장하고 있는데 몬산토, 노바티스, 칼젠, 아그레보 등 4개 기업이 세계 GMO 종자시장의 90% 이상을 장악하고 있다. 그중 몬산토는 2008년 매출 114억 달러를 달성한 세계 최대의 종자회사다. 우리나라에는 1997년 경제위기 이전까지 4개의 종묘회사가 있었으나 경제위기를 겪으며 몬산토에 흡수되어 현재 농우바이오가 유일하다.

요즘은 LED와 탄산가스를 사용해 식물을 생산하는 공장이 보급되고 있는데, 30층 건물을 지으면 5만 명에게 야채를 공급할 수 있다. 일본에서는 2008년 실용화한 이후 계속 확산되고 있다. 식물공장은 항온 · 항습 · 무균 상태를 유지하므로 농약이 필요 없고 날씨에도 영향을 받지 않는다. 우리나라에서는 농진청이 기업과 함께 추진하고 있는데, 생산비가 두 배로 드는 것이 문제지만 기후변화로 농산물 파동이 나면 급속히 확산될 것이다.

유전자변형농산물GMO은 생산량 증가와 병충해 감소를 위해 개발되었다. 현재 미국이 전체의 50%를 차지하며, 아르헨티나, 캐나다, 브라질, 중국을 포함하면 전체 시장의 97%를 차지하고 있다. 콩대두은 세계 재배면적의 64%가 GMO다. 다른 작물의 개발도 매우 활발한데, 제초제 저항성 벼, 고추, 들깨, 바이러스 저항성 감자 등이 있다. GMO를 재배하면 농약 사용량이 감소되는 반면 생산량은 증가되는 이점이 있다. 그러나 GMO의 대량재배로 소농·후진국 농업의 기반이 붕괴될 우려가 있고, GMO 기업에 한 국가의 농업이 종속되고 생태계가 교란될 가능성에 대해 논란이 있다. GMO 개발 비용이 신약개발 비용보다 훨씬 적게 들기 때문에 우리나라에도 기회가 될 수 있을 것이다.

2010년 9월 미국식약청은 생명공학방법으로 만든 속성 성장 연어가 식품으로 안전하다는 평가를 내렸다. 보통 연어는 30개월이 되어야 성체가 되는데, 속성 성장 연어는 18개월이면 성체가 된다. 이 연어를 지금부터 키우면 2012년에는 미국인의 식탁에 오를 것이다.

바이오에너지

현재 석유는 가장 널리 쓰이는 에너지원이며, 석유 고갈에 대비해 바이오디젤, 바이오에탄올 등 에너지 대체제에 대한 연구가 활발하다. 브라질에서는 사탕수수를 이용해 바이오에탄올을 생산하고 있으며, 미국에서는 옥수수를 이용해 이를 생산하고 있다. 우리나라의 경우 농지가 그리 많지 않기 때문에 해조류를 이용해 바이오에탄올을 생산하는 연구를 진행하고 있다.

바이오에너지는 환경오염을 일으키지 않는다는 장점이 있지만 아직은 생산비가 비싼 것이 흠이다. 최근 미국의 한 회사가 광합성으로 석유성분을 만들어 분비하는 박테리아를 유전자 재조합으로 만들어냈다. 이 박테리아를 이용하면 1에이커의 땅에서 1만 5천 갤런의 디젤오일을 생산할 수 있다. 더욱이 발전소에서 배출되는 탄산가스를 이용하면 생산량도 증가하고 환경도 정화할 수 있다. 2012년에 실용화될 예정이다.

환경

하나뿐인 지구는 65억 인구가 먹고 쓰고 버리는 쓰레기로 환경이 오염되어 중병을 앓고 있다. 지구의 쓰레기를 청소하고 환경을 정화하는 미생물은 어디에나 살고 있다. 미생물을 이용해 폐수를 처리하는 기술도 널리 사용되고 있다. 수년 전 원유 유출 지역에서 기름을 먹어치우고 환경을 정화하는 박테리아가 발견되었다. 과학자들은 2010년 멕시코만의 원유가 유출된 지역에서 새로운 종류의 기름 먹는 박테리아를 발견했다.

환경정화 연구는 아직 초창기에 해당하지만 하루가 다르게 발전하고 있다. 환경운동가들은 과학기술의 발달이 환경을 파괴했다고 말한다. 기술의 발달로 식량이 증산되고 인류의 수명이 늘어나 지구 인구가 크게 늘어난 것이 환경파괴의 주원인이다. 환경정화는 과학기술의 힘이 아니면 이룰 수 없고, 생명과학은 환경정화의 핵심기술이다.

2010년 9월 벨기에의 환경폐기물 처리업체인 아퀴리스는 폐수처리장에서 세계 최초로 바이오플라스틱 실험생산을 개시했다. 이 기술은 도시폐수를 처리해서 플라스틱을 만들어내고 오염물질도 배출하지 않는다. 바이오플라스틱은 자동차 범퍼를 비롯해 여러 공업 분야에서 사용될 수 있다고 한다.

맺는말

생명과학은 21세기의 연금술이라고 해도 과언이 아니다. 선진국을 중심으로 인류의 당면 과제인 질병·식량·에너지·환경문제를 해결하기 위한 연구경쟁이 치열하게 펼쳐지고 있다. 첨단 생명과학기술의 수준은 국가의 명운을 좌우할 것이다. 생명과학은 인류의 삶의 질을 높이고 환경문제를 해결하는 꿈의 과학이다. 우리나라의 생명과학 수준은 선진국에 비해 뒤떨어져 있지만, 논문과 특허 등 기초연구는 세계적 수준이다. 생명과학산업 분야의 직업 전망도 밝다. 많은 청소년들이 생명과학을 전공해 앞으로 우리나라가 세계의 생명과학을 이끌게 되기를 소망하며 글을 마친다.

CHAPTER 14

과학기술 그리고 삶

이광영

한국일보 생활과학부장, 편집위원 / 대한암협회 집행이사, 부회장 고문

전북대 초빙교수 / (현) 한국골든에이지포럼 상임이사

(현) 과학사랑희망키움 이사 / (현) 한국금연운동협의회 이사, 부회장, 감사

과학기술이 이룩한 놀라운 세계

과학기술은 우리 생활과 떼려야 뗄 수 없는 관계를 맺고 있다. 우리의 의식주, 즉 먹는 것, 입는 것, 거주하는 곳 등 우리의 삶에서 과학기술과 관계되지 않은 것은 없다. 과학기술은 곧 우리의 삶 자체인 것이다. 과학기술은 그동안 우리 삶의 모습은 물론 질까지 크게 바꾸고 높여놓았다. 특히 20세기를 넘어 21세기 과학기술의 급속한 발전은 우리의 삶을 더욱 놀랍게 바꾸어갈 것이다. 몇 가지 예를 들어보자.

❶ 의술

진단과 예방, 치료, 약물 등 의료 분야 과학기술의 발전은 이미 대부분의 전염병을 극복하고 정신질환과 인간의 감성마저 조절할 수 있는 단계에 이르렀다. 수술기법의 발전은 고장난 인체의 장기를 기계의 부속품 갈아 끼우듯 대체함으로써 슈퍼인간의 출현마저 내다보게 한다.

이에 따라 인간의 평균수명은 70세를 넘어 80세에 이르렀고, 90세를 넘어 머지않아 100세에서 120세까지 바라보게 되었다. 1세기 전만 해도 인간의 평균수명은 50세를 넘지 못했다. 120세의 수명은 인간의 삶의 형태를 크게 바꾸어놓을 것이다.

❷ 생물공학

생물공학, 특히 유전공학은 일찍이 농업과 축산업 등에서 획기적인 발전을 이룩할 것으로 예견되었다. 농약과 비료가 필요 없는 작물과 슈퍼생물의 탄생 등으로 농업과 축산업에 혁명을 불러올 것으로 보고 있다. 땅속에는 감자Potato, 땅위에는 토마토Tomato가 주렁주렁 열리는 포마토Pomato : 1978년, 독일 막스플랑크 생물연구소를 비롯해 무와 배추를 융합한 무추, 가지와 감자를 융합한 가지감자 등 신종생물이 속속 만들어지고 있다. 그래서 이제 종種의 혼란마저 걱정해야 하는 시대를 맞고 있다.

살아 있는 생물의 세포를 생산공장으로 이용해 인슐린 등 과거에는 비쌌던 각종 유용한 호르몬을 비롯한 고가의 약물을 싸게 생산, 공급할 수 있게 됨으로써 획기적인 질병치료의 길을 활짝 열어놓았다.

특히 인간의 유전자를 해독한 인간게놈프로젝트Human Genom Project가 2000년에 완성됨으로써 유전병의 극복과 맞춤의학시대를 내다보게 했다. 또한 줄기세포의 배양과 인공장기의 생산 등으로 불치병을 치료할 수 있는 길도 열어놓았다. 앞으로는 인간이 원하면 노화문제의 해결에서부터 설계된 인간의 출현까지도 가능할 것으로 내다보고 있다.

인간게놈 해독이 100만 원대_{1,000달러} 시대가 되면 개인용 컴퓨터가 100만 원대 시대를 맞아 우리 삶을 획기적으로 바꾸어놓았던 것처럼 엄청난 변혁을 불러올 것이다. 현재는 인간게놈을 해독하는 데 3만 달러 정도가 들지만, 10년 안에 1,000달러 시대를 맞을 것으로 보고 있다.

❸ 교통

자동차·기차·비행기·선박 분야와 관련된 과학기술의 발전 또한 우리 삶에 큰 변혁을 불러왔다. 속도문제를 해결한 자동차는 자동화 쪽으로 큰 발전을 이룩해 자동항법장치가 실용화되었는가 하면 석유가 아닌 전기와 수소가스 등 무공해 에너지 쪽으로 발전해가고 있다. 화석연료의 사용에서 오는 심각한 지구온난화 문제를 해결하기 위해서다.

기차는 시속 300~400km를 넘나드는 고속전철시대를 열었고, 시속 500km로 철로 위를 떠서 날아가는 자기부상열차도 실용화를 서두르고 있다. 비행기는 대형화와 초고속여객기의 등장으로 경제와 시간경쟁에서 새로운 시대를 열고 있다. 인천공항에서 출발해 미국 뉴욕까지 2~3시간대에 주파할 수 있는 획기적인 우주왕복선식 로켓교통시스템이 기본기술 면에서 해결됨에 따라 머잖아 실용화될 전망이다. 그렇게 되면 우리가 KTX 고속전철시대를 열어 전국이 하루생활권으로 접어들었듯이 세계가 명실공히 하루생활권에 놓이는 시대를 맞게 될 것이다. 그 밖에 선박도 속도와 안전성에서 새로운 시대를 열어가고 있다.

❹ 컴퓨터와 통신

컴퓨터는 진화를 거듭하여 사람과 같이 사고_{思考}하는 5세대를 거쳐 인간지능에 육박하는 6세대를 향해 나가고 있다. 통신은 광섬유의 등장으로 대용량 정보를 순식간에 주고받을 수 있게 됨으로써 통신 분야에서 획기적인 변혁을 일으켰다. 인공위성을 이용한 통신시스템은 지구를 한 지붕 아래의 세계로 만들어 아프리카 오지에서 일어나는 일도 곧바로 우리 안방에서 볼 수 있는 시대를 만들었다.

특히 컴퓨터와 통신의 결합은 그동안 우리의 삶을 엄청나게 바꾸어놓았다. 디지털이 문자와 음성, 영상을 지배하는 시대를 열었고 다양한 정보를 장소와 시간의 제약 없이 실시간으로 전달할 수 있게 함으로써 정보사회를 열어놓았다. TV와 PC, 통신이 결합해 홈쇼핑 등 각종 전자상거래를 비롯한 원격진료와 원격교육의 길을 열었으며, 쌍방향통신과 매체융합의 문을 열어 신문과 방송이 따로 없는 멀티미디어 시대를 탄생시켰다.

또한 전자정치, 전자정부, 전자경제, 전자무역, 전자회의 등 다양한 분야로 활용의 폭을 넓혀감으로써 우리의 삶을 크게 바꾸고 있다. 이와 같은 발전은 나날이 한층 가속화할 것이다.

❺ 자동화

자동화는 공장자동화에서 시작해 사무자동화를 거쳐 가정자동화 단계로 돌입했다. 웬만한 공장에서는 기계가 사람을 대신해 일하고, 사무도 대부분 컴퓨터와 통신을 이용하는 자동화시대를 열었다. 특히 로봇 과학기술의 발전은 우리의 삶을 획기적으로 바꾸고 있다. 산업용 로봇이 더럽고Dirty, 어렵고Difficult, 위태한Dangerous 일, 이른바 3D 일을 도맡아 하는 시대를 열어가고 있다. 가정용 로봇이 가정부를 대신해 청소와 설거지 등 집안의 허드렛일을 도맡아 할 날도 가까워지고 있다.

또한 의료용 로봇은 각종 진단에서 복잡한 수술을 척척 해내고 있다. 대부분의 수술을 로봇에 의존하는 시대가 머지않을 것이다. 로봇은 우주를 비롯한 심해저 탐사에도 동원되고, 군사용으로도 매우 요긴하게 쓰이고 있다. 앞으로는 로봇이 전쟁을 상당 부분 대신하는 시대가 될 것이다.

과학기술은 어디까지 발전할 것인가?

❶ 한없이 넓어지는 활동무대

과학기술의 발전은 ① 보이는현시顯示 세계에서 ② 안 보이는미시微視 세계를 거쳐 ③ 광활한거시巨視 우주와 ④ 극한極限의 세계로까지 뻗어가고 있다.

보이는 세계는 지상의 모든 보이는 사물을 대상으로 하는 과학기술이다. 지금까지 우리가 발전시켜 활용하고 있는 과학기술이 대부분 여기에 속한다.

안 보이는 세계의 좋은 예로는 요즘 흔히 말하는 생물공학BT과 나노기술NT을 들 수 있다. 생물공학은 미세한 세포, 나노기술은 원자原子 단위의 미세한 세계를 다룸으로써 완전히 새로운 활용의 문을 열고 있다. 눈에 안 보일 정도로 매우 미세한 의료용 로봇이 개발되고 있는데, 이것이 실용화되면 질병의 진단은 물론 치료 분야에서도 획기적인 시대를 열 전망이다. 나노기술을 이용한 미세 의료용 로봇은 혈관을 타고 원격조정으로 우리 몸 구석구석을 돌며 각종 질병을 진단할 뿐 아니라 병소 부위를 도려내서 치료하는 시대를 열게 될 것이다.

극한의 세계는 또 다른 세계를 열어준다. 초저온, 초고온, 초고압, 초저압 등이 물질의 특성을 크게 바꾸기 때문이다. 예를 들어 온도가 절대온도

0도섭씨 -273.15도 가까이 내려가면 모든 기체가 고체로 바뀔 뿐 아니라 전기저항이 없어지는 이상한 현상이 일어난다. 전기저항이 없어진다는 것은 곧 전력손실 없이도 송전이 가능할 뿐 아니라 초강력 자장磁場을 얻을 수 있다는 이야기다. 이것은 자기부상열차를 비롯한 핵융합반응로核融合反應爐의 개발에 돌파구를 마련해준다. 핵융합로는 핵융합발전을 실현시켜 인류의 에너지 문제를 근본적으로 해결하는 놀라운 시대를 열어줄 것이다.

❷ 점점 빨라지는 발전속도

과학기술은 해를 거듭할수록 발전속도에 가속이 붙는다. 좋은 예가 반도체다. 메모리Memory 반도체는 집적도가 2년마다 2배씩 증가하고 있다Moor의 법칙. 20년이면 1,000배가 된다는 계산이다.

과학기술 전반을 볼 때 발전총량이 20세기 전기 90년1901~1990에 비해 후기 10년1991~2000 동안에는 배로 팽창했다. 10년 동안 2배가 발전한 셈이다. 이와 같은 발전속도를 지속한다 해도 과학기술은 앞으로 100년 동안 지금의 1,000배가 발전한다는 이야기다. 현재 20세기 과학기술이 만들어낸 과학기술문명도 소화하기가 벅찬데 지금의 1,000배가 된다니 아찔하지 않을 수 없다. 그때는 과학기술이 인간이 원할 경우 못하는 일이 없는 시대가 될 전망이다.

21세기에는 과학기술 전반에 걸쳐 학문적 축적이 가속화할 뿐 아니라 이론이 상품화하는 속도 역시 점점 더 빨라질 것이다. 트랜지스터Transistor는 이론이 확립되고 33년이 지나서야 상품화했지만, 반도체Semiconductor는 이론을 실용화하는 데 9년이 걸렸다. 생물공학Biotechnology은 더욱 빨라져 그 기간이 1년으로 단축되고 있다. 상품의 수명Life cycle 역시 짧아져 3~4년을 넘지 못하고 있다. 이는 첨단 분야로 갈수록 경쟁이 더욱 치열해진다.

이와 같은 현상은 우리에게 무엇을 말해줄까. 이는 과학기술 분야야말로 ① 할일이 많고 ② 도전할 가치가 많을 뿐 아니라 ③ 자아실현의 가능성이 크다는 것이다. 모든 학생들이 도전해볼 가치가 있다는 말이다. 특히 우수한 창의적 두뇌를 지닌 어린 학생들이 도전하기에 좋은 분야인 것이다.

우리나라는 자원이 부족하고 국토가 협소한 데다 인구는 많다. 이런 면에서 과학기술은 우리나라 사람들이 먹고살 유일한 수단이기도 하다. 21세기는 두뇌를 활용하는 지식기반사회이기 때문이다.

❸ 21세기의 특징

20세기가 하드웨어가 중심이 된 사회, 가치價值가 천연자원에 의해 창출된 사회, 사람Man · 기계Machine · 돈Money이 자산이 된 3M 시대였다면, 21세기는 소프트웨어가 중심이 된 사회, 가치창출이 지식에 의해 창출된 사회, 인간Human · 지식Knowledge · 관리Management가 자산이 된 HKM 시대다.

또한 21세기는 과학기술 융합이 활짝 꽃피는 시대이기도 하다. 기계와 전자공학이 융합한 기계전자공학, 광학과 전자공학이 융합한 광전자공학, 생물공학과 전자공학이 융합한 생물전자공학, 화학과 전자공학이 융합한 화학전자공학 등 다양한 형태의 융합기술이 활짝 꽃피게 될 것이다.

과학기술은 만능인가?

❶ 과학기술의 본질 – 지식체계

과학기술은 지식의 축적에 따른 산물이다. 그렇다면 과학기술은 만능일까? 우리의 지식체계는 오감五感에 바탕을 두고 있다. 보고, 듣고, 냄새 맡고, 맛보고, 만져보고 이들로부터 얻은 경험을 바탕으로 지식체계를 만들어왔다.

우리가 외부에서 정보를 얻는 데 가장 큰 몫을 차지하는 것이 보는 것, 시각視覺이다. 시각은 전자파 영역 가운데 가시광선3,800~7,700Å이라고 하는 극히 제한된 영역에 속한다. 전체 전자파 영역을 서울에서 부산까지라고 할 때 가시광선은 이중 바늘구멍으로 들여다보는 수준 또는 그보다 못한 영역일 수도 있다. 사람은 이 좁은 영역의 가시광선을 통해 사물의 모양에서 움직임과 변화 등 특성을 관찰하고 기록했다가 이를 토대로 법칙을 알아내 생활에 이용하기 시작했다.

듣는 것, 청각聽覺도 마찬가지다. 진동 가운데 우리가 들을 수 있는 소리는 가청음可聽音, 20~20,000Hz 영역으로 극히 제한적이다. 시력을 잃은 박쥐는 초음파를 이용해 하룻밤에 10만 마리의 곤충을 잡아먹지만 사람은 초음파 영역을 들을 수 없다.

냄새 맡고, 맛보고, 만져보는 것도 마찬가지다. 물론 사람은 현대 과학기술의 산물인 각종 계측기를 이용, 오감의 영역을 넓혀 미지의 세계를 들여다볼 수 있다. 하지만 이것도 완벽하지는 않으며, 우리의 지식체계 속 허점의 한 단면을 말해준다.

❷ 아리송한 물질세계

우리는 물질세계 속에서 살아가고 있다. 물질이란 물체를 이루는 재료를 뜻한다. 우리가 잘 아는 대로 물질을 자르고 또 자르면 분자分子, Molecule를 얻게 된다. 사람들은 한때 분자가 물질을 이루는 기본 벽돌이라고 생각했다. 그러나 그 후 분자는 다시 쪼개져 원자原子, Atom로 이루어져 있다는 것을 알아냈다. 그런데 이 원자도 물질의 기본 벽돌은 아니었다. 원자는 다시 소립자素粒子, Elementary particle로 나누어진다는 것을 알게 된 것이다. 그렇다면 소립자가 물질의 궁극적 기본 벽돌인가.

입자물리학자들은 물질의 기본 벽돌은 쿼크Quark라는 것이며, 여기에는 6종種과 3류類가 있다고 설명하고 있다. 6종은 업Up, 다운Down, 스트레인지Strange, 참Charm, 버텀Bottom, 톱Top을 말한다. 이 6종은 향香으로, 류는 색色으로 부르며 향은 3색을 가지고 있다고 설명한다.

한편 물질의 기본 벽돌을 알아내기 위해서는 거대한 입자가속기粒子加速器가 필요한데, 실험을 통해 이 6종을 밝혀낸 것으로 되어 있다. 하지만 그것이 과연 물질의 기본 벽돌인가에 대해서는 아직까지 실험을 통해 입증된 바가 없다.

우리는 물질세계에 살지만 현대 과학기술로도 물질의 기본 벽돌이 무엇인지 정확히 파악하지 못하고 있다. 단지 여러 가지 학설로 설명하고 있을 뿐이다. 물질세계에서 살아가는 우리로서는 실망스러운 일이 아닐 수 없다. 물질세계에서 살고 있으면서도 물질의 정체, 즉 기본 벽돌마저 실험을 통한 증명이 아니라 이론으로만 접할 수 있기 때문이다.

❸ 방대한 우주의 신비

광활한 우주는 우리들에게 커다란 호기심으로 다가온다. 우주는 대략 120억 년 전 대폭발Big bang로부터 탄생되었다는 것이 천체물리학자들의 설명이다. 초기 우주는 공간과 시간도 없는, 온도가 매우 높고 밀도가 큰 점点같은 존재였다. 그러던 것이 어떤 이유에서인지 알 수 없으나 안정 상태가

깨지면서 대폭발이 일어났다. 시간과 공간은 이때 생겨났고, 이들은 시간이 흐를수록 점점 더 확대되어갔다.

오늘날 우주를 지배하는 네 가지 힘은 중력重力과 전자기력電磁氣力, 강력强力, 약력弱力이다. 그러나 초기 우주에는 이 네 가지 기본 힘마저 생겨나지 않았다. 초기 우주는 맹렬한 속도로 팽창을 거듭하며 온도가 내려가기 시작했고, 에너지가 물질을 이루는 기본입자를 만들어내기 시작했다. 그리고 네 가지 우주의 기본 힘이 생겨나 소립자들로부터 가장 가벼운 수소원자가 만들어졌다.

수소원자들이 우주에 충만해지자 이들은 서로 무리를 이루어 소용돌이치며 응집되었다. 그리고 이때 강한 압축작용으로 디젤기관에서 일어나는 현상처럼 내부온도가 크게 올라 수억 도에 이르자 수소는 핵융합반응을 일으켜 헬륨을 비롯한 점점 더 무거운 원소들을 만들어내기 시작했다. 우주의 진화進化인 것이다.

우주의 진화는 수십억 년을 거치며 수많은 원소들을 만들어냈다. 지구상에서 자연으로 발견되는 원소는 모두 94개이고, 여기에 사람이 만들거나 찾아낸 원소를 더하면 모두 117개인데, 이것들은 모두 이런 과정을 거쳐 만들어졌다.

현재 이렇게 해서 만들어진 우주는 방대하다. 태양이 소속된 우리 은하만 해도 스스로 빛을 내는 항성恒星이 자그마치 1천억 개에 이른다. 항성은 평균 4~5개 정도의 행성行星을 거느리고 있다. 우리 은하는 접시를 두 개 엎어놓은 형태인데, 두께가 무려 3만 광년, 길이가 10만 광년에 이른다. 1광년은 1초에 30만km를 달리는 빛이 1년을 달려가는 거리를 말한다. 우리 은하의 크기는 이토록 엄청나다. 태양은 우리 은하 중심에서 33,000광년 떨어진 변방에 위치해 음속의 780배인 초속 250km로 공전하고 있다. 태양이 우리 은하를 1회 공전하는 데 자그마치 2억 5천만 년이 걸린다.

그런데 대우주 속에 우리 은하 같은 은하가 1천억 개나 된다는 것이 천문학자들의 계측 결과다. 대은하의 크기는 반지름이 120억~150억 광년에 이른다. 세상에서 가장 빠른 빛이 은하를 가로지르는 데 120~150년이 걸린다는 이야기다. 그래서 우리가 밤하늘에서 보는 별 가운데는 수억~수십억 년 전에 출발한 것이 지금 우리 지구에 도달한 것이 있어 이미 사라진 별을 우리가 관측하게 된다는 것이다.

❹ 풀리지 않는 수수께끼

20세기 위대한 과학자 아인슈타인Albert Einstein은 우리에게 세 가지 명제와 해답을 주었다. 하나는 에너지는 질량에 광속을 자승해 곱한 것이라는 유명한 에너지와 질량에 관한 공식, 즉 [$E=m \times c^2$]이고, 둘은 속도와 시간이 상대적이란 것이며, 셋은 빛이 중력에 의해 휜다는 것이다.

[$E=m \times c^2$] 공식은 오늘의 원자력시대를 낳았다. 시간과 속도가 상대적이라는 것은 속도가 빨라질수록 시간이 더디 간다는 것으로 만일 빛의 속도를 내는 로켓을 타고 여행할 수 있다면 과거와 미래는 없고 현재만 있어서 시간이 흐르지 않게 된다는 것이다. 물론 이는 현실세계에서는 불가능하다. 아인슈타인은 어떤 물질이든 빛의 속도가 되면 질량이 무한대가 되어 결코 빛의 속도를 낼 수 없다는 점도 입증해냈다.

빛이 중력에 의해 휜다고 하는 것은 개기일식 때 태양 뒤편에 있어 볼 수 없는 별이 관측됨으로써 입증되었다. 이 사실은 우리를 혼란스럽게 한다. 우리가 보는 세계가 실은 휜 공간인데 곧은 공간으로 착각하고 있을 가능성이 있다는 것이다. 아인슈타인은 우리가 사는 세계가 3차원의 공간에 시간을 합한 4차원의 세계임을 보여주었다.

그러나 이에 대해 천문학자 호킹Stephen W. Hawking은 우리가 살고 있는 세계는 4차원이 아니라 11차원의 세계라 설명한다. 이와 같은 호킹의 주장은 어쩌면 영원한 수수께끼로 남을지도 모른다.

우리는 여기에서 과학에 대한 믿음에 혼란을 느끼게 된다. 지금까지 대부분의 사람들은 과학이라고 하면 변치 않는 진리인 것처럼 생각해왔다. 그래서 확실하다고 말할 때 '과학적'이라는 표현을 썼던 것이다. 그러나 과학은 물질세계를 다루는 형이하학形而下學, Physical science뿐 아니라 철학과 같은 관념세계를 다루는 형이상학形而上學, Metaphysics을 아우른다. 아인슈타인과 호킹의 명제가 이를 잘 말해준다. 그러므로 과학에 대한 참된 이해가 필요하다. 한마디로 과학, 더 확대해서 과학기술을 다룰 때는 겸허하고 겸손해야 한다는 것이다.

과학 속 삶의 지혜

❶ 우주에 비추어본 나

우리는 대우주 속에 자신의 존재를 투영해볼 때 매우 초라한 모습을 발견하게 된다. 그리고 여기에서 인간이 원하면 무엇이든 할 수 있을 것으로 보았던 과학기술은 초라함을 넘어 실망감을 안겨준다.

지구는 태양계에 속해 있다. 그런데 태양은 우리 은하 속 1천억 개의 항성 가운데 하나에 불과하다. 그리고 우리 은하는 대우주 속 1천억 개 은하 가운데 하나일 뿐이다. 달리 말하자면, 대우주 속 1천억 개 가운데 하나인 우리 은하에, 다시 1천억 개 가운데 하나인 항성 태양, 그리고 지구는 이 태양이 거느리고 있는 8개 행성 가운데 안쪽에서부터 수성, 금성에 이어 세 번째 궤도를 돌고 있는 정말 보잘것없는 조그마한 행성에 불과하다.

이 지구 안에 오대양 육대주가 있고, 그 안에서 68억 명이 살아가고 있다. 아시아대륙 동쪽 한 귀퉁이에 자리잡은 대한민국에는 4,800만 명이 모여 살아가고 있다. 이렇듯 나라는 존재는 대우주 속에 투영해볼 때 매우 보잘것없다. 대우주 속의 나는 먼지만도 못한 존재다.

❷ 정체성의 자각 – 나는 위대하다

그렇다면 나라는 존재는 과연 대우주 속에서 티끌만도 못한 존재인가? 아니다. 세상의 그 무엇도 나와 관계를 맺지 못하면 쓸모없고 무의미하다. 우주가 아무리 크고 방대하다 해도 이 우주가 나와 관계를 맺지 못하면 아무 의미가 없다. 나는 대우주 속의 변방에 눈에 띄지도 않을 먼지처럼 하찮은 존재로 속해 있는 것이 아니다. 방대한 우주는 내 밖이 아니라 내 안에 있다. 나는 이 방대한 우주를 품고 있는 위대한 존재인 것이다.

내가 지금 생명을 가지고 살아간다는 것은 단순히 부모에게서 뜻하지 않게 갑자기 주어진 것이 아니라 120억 년 역사의 산물이다. 내가 존재하기 위해서 적어도 120억 년이라는 시간이 필요했고, 1천억 개의 은하로 구성된 대우주를 나의 가슴에 품게 된 것이다.

나야말로 이 세상에서 가장 위대한 존재다. 이것이 나의 참된 정체성 Identity이다. 신문과 TV를 통해 시험에 떨어진 것을 비관해 자살했다는 뉴스를 보고 듣게 된다. 이것이야말로 얼마나 어리석고 바보스러운 일인가. 자기 정체성을 발견하지 못한 결과다.

생명의 위대함과 존엄성은 나뿐만 아니라 우리 모두에게 있다. 내 가족, 내 친구, 내 이웃, 아니 온 세계 모든 인류가 하나같이 120억 년 역사의 산물이자 온 우주를 품은 위대한 존재인 것이다. 우리는 이런 위대한 존재들과 서로 어울려 살아가고 있다.

우리 주위에는 힘들게 살아가는 사람들이 많다. 특히 지체ㆍ정신부자유자들은 힘겹게 살아가고 있다. 우리는 이들을 볼 때 불쌍한 사람으로 보기 쉽지만, 이들도 우리와 다를 바 없이 120억 년의 시간 속에 탄생한 우주를 품은 위대한 존재들이다.

우리는 이 사실을 두 팔과 다리가 없는 호주의 행복전도사 닉 부이치치, 청각장애인 발레리나 강진희, 시각장애 음악가 이상재, 네 손가락의 피아니스트 이희아 등에게서 찾아볼 수 있다. 우리는 이들과도 위대한 만남을 가져야 한다. 위대한 인격체와 인격체의 만남, 이 얼마나 멋진 인생인가! 이것이 과학기술의 세계가 우리들에게 전해주는 또 다른 메시지다.

CHAPTER **15**

미래를 어떻게 준비할 것인가
- 원자력과 과학을 중심으로 -

장인순

캐나다 웨스턴온타리오대학 화학과 졸업(이학박사) / 한국원자력연구소 소장
중국 연변 과학기술대학 명예교수 / 한국원자력통제기술원 이사장
IAEA 사무총장 원자력에너지자문(SAGNE) 위원 / 현) 사단법인 대덕원자력포럼 회장
현) 한국과학창의재단 이사

내가 무엇을 아는가?

평생을 책을 읽고 공부하고 연구하고 학문을 하며 살아왔다고 생각했는데, 어느 날 프랑스의 세계적 수필가 몽테뉴의 "내가 무엇을 아는가?"라는 말에 적잖이 충격을 받았다. 과연 내가 무엇을 얼마나 알고 있는가? 이 말한마디가 내 영혼을 자극하고, 자신을 더 낮추고 책을 더 열심히 읽게 만들었다고나 할까! 언어의 생명력이라는 것이 무슨 뜻인지 새삼스럽게 느껴졌다.

지구상에는 수많은 생명체가 살아간다. 놀라운 것은 만물의 영장이라는 인간과 침팬지는 유전인자DNA가 99%나 같은데도 살아가는 모습은 완전히 다르다는 점이다. 인간과 침팬지의 구분이 DNA 1%의 차이인데, 살아가는 모습이 100% 다른 것 자체가 바로 자연의 신비가 아닐까 생각한다.

인간과 동물의 차이점은 무엇일까?

첫째, 동물은 배만 부르면 행복하지만 인간은 배만 불러서는 행복할 수 없다. 왜냐하면 자기만의 독특한 개성과 재능을 지닌 인간의 다양성 때문이다.

둘째, 인간은 유일하게 문자를 사용하는 동물이다. 지구상에는 3천 개 이상의 언어가 있으며, 모든 사고·사건은 물론 그 시대의 사상까지 기록해 축적함으로써 다양한 인류문화를 이루어왔다.

셋째, 인간은 유일하게 숫자를 사용하는 동물이다. 숫자를 통해 수학과 과학을 발달시켜 오늘날의 찬란한 과학문명을 이루었고, 앞으로도 엄청난 과학의 신세계를 예고하고 있다.

넷째, 인간만이 시간개념이 있는 동물이다. 동물은 시간개념이 없기 때문에 현재만이 존재하고 먹는 것만 중요하지만, 인간에게는 미래·현재·과거가 있으며, 미래는 희망이며 꿈이라는 등식이 성립한다.

과학이란 무엇인가?

과학은 자연, 곧 우주를 탐구하는 학문으로서 우주를 구성하는 가장 중요한 요소인 시간과 공간을 극복해 인간의 삶의 질을 높이는 학문이다. 왜냐하면 우주는 시간과 공간이 존재하는 곳이라 정의하기 때문이다.

우주 : 시간과 공간이 존재하는 곳
Universe : Where Time and Space Exist

자연과학 ⟷ 시간 공간

수학

인간 → 에너지 자원 기술 + 통신 + 오염

수학이란?

수학은 시간과 공간에 제한을 받지 않기 때문에 실험가능성이나 실현가능성이 문제가 되지 않는 학문이다. 그러므로 자유성은 수학의 특징이다.

수학이 왜 자연의 언어인가?

고전물리학의 거장 뉴턴은 "자연은 정확한 수학적 원리에 따라 움직인다"고 했는데, 이는 바로 자연의 모든 현상을 수학으로 설명할 수 있기 때문이다. 물리학자들이 자연현상을 설명할 때는 수학이라는 툴Tool을 사용해야 한다. 플러스×플러스, 마이너스×마이너스는 모두 플러스가 되고, 플러스×마이너스는 마이너스가 되는 이유는 전기의 성질 때문이라고 하니 자연현상과 수학은 매우 밀접한 관계라고 할 수 있다.

또한 수학이 모든 학문의 뿌리라고 하는 이유는 다음과 같다. 예를 들어 수학에서는 허수라든지 무한대 같은 개념이 대단히 중요하고 없어서는 안 되는 개념이다. 이에 반해 물리학자들은 그런 개념들을 별로 좋아하지 않는데, 그 이유는 그것을 물리적으로 실증할 방법이 없기 때문이다. 따라서 수학은 시공간에 구속받지 않는 자유를 만끽할 수 있는 학문이라 할 수 있으며, 훌륭한 과학자가 되기 위해서는 반드시 수학을 공부해야 하는 이유도 여기에 있다.

수학에서 가장 위대한 발견인 영Zero에 대해 수학자들은 오랫동안 논쟁을 벌여왔다. 왜냐하면 숫자는 있다는 개념인 데 반해 0은 없다는 개념이므로 숫자가 될 수 없기 때문이다. 0의 발견은 확실치는 않지만 6세기경 인도에서 숫자로 승격시켜 10진법을 탄생시킴으로써 많은 수를 셀 수 있게 되었으며, 0과 1을 사용하는 컴퓨터의 개발을 가능케 함으로써 현대과학을 꽃피우는 데도 큰 기여를 했다.

0은 '존재하는 무의 개념'으로 신비의 숫자인 동시에 가장 난폭한 숫자이기도 하다. 왜일까?

선진국의 조건

인류의 역사를 보면 지리적 조건과 환경에 따라 문화와 문명의 발달속도가 달라 선진국, 중진국, 후진국으로 구분된다. 나는 원자력을 공부한 덕택에 40여 개국을 다니며 선진국과 후진국의 차이점을 나름대로 찾아보려고 노력했다. 왜냐하면 우리가 학문을 하고 과학공부를 하는 것도 풍요로운 삶을 위해 선진국으로 가는 수단이기 때문이다. 선진국의 교육은 바로 개인의 능력이나 취미에 따른 수월성 교육으로 개인의 자유를 근거로 한 창의력과 상상력을 일으키는 노하우_{Know-how}가 아닌 노와이_{Know-why}가 그 뿌리라 할 수 있다.

가장 중요한 것은 오늘날에는 과학기술이 인류의 역사를 선도해간다는 점이다. 인간은 문자와 숫자라는 툴을 사용해 인류의 문화와 문명을 이루어왔으며, 앞으로도 엄청난 발전을 예고하고 있다.

한편, 선진국과 후진국은 크게 세 가지 점에서 차이가 있다.

첫째, 선진국 국민은 비교적 정직하다. 특히 공무원이 정직하다. 왜냐하면 모든 부패부정은 힘 있는 정치인이나 공무원과 직간접으로 관련이 있기 때문이다. 정직한 사회는 자유롭다. 인간이 추구하는 가장 큰 목표는 '자유함'이므로 인간이 모든 면에서 자유로울 때 창의력과 상상력의 싹이 트고 인간다워질 수 있기 때문이다. 또한 그렇기 때문에 우리 스스로 정직하게 살아야 하고 청소년들을 정직하게 기르고 교육해야 할 책임이 있다. 왜냐하면 부모의 삶이 자녀들에게는 가장 중요한 교과서이기 때문이다.

둘째, 선진국 국민은 책을 많이 읽는다. 국민의 독서력이 곧 국가의 성장 동력이다. 왜냐하면 모든 길은 책으로 통하기 때문이다.

셋째, 선진국은 여성의 사회활동이 많은 사회다. 정보화사회에서는 소프트웨어와 서비스산업이 발달하므로 인구의 반인 소프트파워를 활용하지 못하고는 선진국이 될 수 없다.

역사와 신화를 창조한 한국 원자력기술

2009년 12월 27일 저녁 UAE에서 날아온 "400억 달러 UAE 원전수출계약"

소식에 이 땅의 원자력인뿐만 아니라 온 국민은 함께 기뻐하고 행복했다. 왜냐하면 이날은 바로 한국이 원자력기술 식민지에서 원자력기술 독립국으로 태어난 것을 전 세계에 공표한 날이었기 때문이다.

외국 선진국의 자료를 하나라도 더 얻기 위해 체면도 자존심도 버린 채 기술식민지의 과학인으로 기술구걸(?)을 했던 것이 엊그제 같은데, 이제 떳떳이 원자력기술 독립국으로서 세계 원자력계의 지각변동을 예고하고 새로운 역사와 신화를 창조한 한국, 이 땅에서 태어난 것이 자랑스럽기만 하다. 그뿐인가. 이에 앞서 2009년 12월 초에는 한국원자력연구원이 요르단에 연구용원자로 수출의 길을 열어놓았다.

원자력은 마르지 않는 유전

에너지는 인류역사의 흐름에 대단히 중요한 역할을 해왔다. 왜냐하면 에너지가 국력의 상징이기 때문이다. 인류의 문화발달 과정에서 에너지와 시대변천을 살펴보면, 초기 문명은 근육에너지Muscle 시대로 힘이 세고 체력이 큰 사람이 지배했을 것이다. 다음은 식량에너지Food 시대로 식량으로 사회를 지배한 농경사회였고, 그다음은 화석에너지Coal, Oil 시대로 영국이 세계 최초로 석탄이라는 대량에너지를 이용해 세계를 지배했던 시대다. 지금은 원자력에너지Fission, Fusion시대까지 와 있다. 앞의 세 에너지는 누구나 쉽게 쓸 수 있는 에너지지만, 마지막 원자력인 핵반응은 우주의 생성과 소멸을 주관하는 우주를 지배하는 반응으로 고도의 과학기술이 필요하다.

세계열강이 원자력을 사용하는 이유는 바로 원자력이 자원의존형이 아니라 인간의 두뇌, 곧 과학기술이 만든 에너지로서 자원이 없어도 우수한 인적 자원만 있으면 에너지 자립을 할 수 있기 때문이다. 이는 인간의 두뇌가 영원한 유전이라는 뜻이기도 하다. 우리나라처럼 에너지 자원이 없는 나라는 원자력이 선택이 아니라 필수이며, 앞으로 원자력기술의 자립과 원자력의 해외수출로 이 땅의 후손들은 에너지가 풍부한 나라에서 풍요롭게 살아갈 수 있을 것이다.

원자력이란?

물질과 에너지가 하나이고 서로 변환이 가능하다는 중요한 자연법칙으로 우주는 바로 이 법칙에 의해 탄생했다. 우주의 탄생은 에너지가 물질로 가는 과정이고, 원자력은 물질을 에너지로 바꾸는 것이다. $E=mc^2$이라는 식에서 보듯 에너지의 크기가 빛의 속도c의 제곱에 비례한다는 사실은 자연이 얼마나 질서정연하고 신비한가를 보여준다. 왜냐하면 빛의 속도는 어느 곳에서 측정해도 일정한 우주의 가장 중요한 상수이기 때문이다.

원자력은 원자의 깊숙한 중심에 존재하는 초고밀도의 원자핵밀도가 철의 100조 배, 100,000,000,000,000g/cc에 숨겨져 있는 초고밀도의 에너지로서 인간의 두뇌, 곧 과학기술이 만드는 에너지다.

지구상에는 수많은 국가가 있지만 과학 선진국이 세계를 이끌어간다. 과학 선진국의 중심에는 풍부한 천연자원이 아니라 풍부한 두뇌자원이 있다는 공통점이 있다. 우리나라는 자원빈국이지만 수학과 과학을 열심히 잘하는 청소년이 많으므로 열심히 노력하면 선진국 진입이 어렵지 않을 것이다.

CHAPTER 16

지구를 살리자

김석권

과학기술부 법무담당관, 총무과장 / 과학기술부 대덕연구단지 관리소장(부이사관)
한국종합기술금융(주) 감사 / (현) 사단법인 과우회 감사 · 이사

1. 녹색성장의 개념

위기를 맞은 지구

❶ 지구온난화

우리가 살고 있는 지구는 날로 병들어가고 있다. 우리나라 사람으로 첫 우주여행을 한 이소연 박사는 우주에서 지구를 바라보고 지구는 아름답다고 했지만, 사실 지구는 점점 몹쓸 수렁으로 빠져들고 있다.

지구온난화는 지구에서 발산되는 적외선이 온실가스에 의해 지표면에 머무르게 됨에 따라 일어나는 현상이다. 만약 대기권 내에 온실가스가 아주 없다면 지구의 온도는 너무 낮아 사람이 살기 힘들게 될 것이다. 온실가스의 대부분을 차지하는 이산화탄소는 산업혁명 이전에는 농도가

280ppm 정도였으나 지금은 인위적으로 발생하는 요소까지 합치면 대기 중의 농도가 무려 430ppm에 이를 것으로 추정한다.

❷ 화석에너지의 고갈

지구온난화의 가속화 원인은 19세기 이후 산업화, 도시화, 인구증가 등으로 인간이 화석연료를 너무 많이 사용해 이산화탄소 발생량을 급증시켰기 때문이라고 볼 수 있다. 현재 지구상에 남아 있는 화석연료 가운데 석탄은 약 225년, 천연가스는 65년, 석유는 약 40년 후면 완전히 고갈될 것으로 과학자들은 예측하고 있다. 석유생산량이 가장 많은 사우디아라비아에 석유종말과 관련해 이런 유머가 있다고 한다.

"우리 아버지는 낙타를 타고 다녔고 나는 자동차를 타고 다니지만,
내 아들은 전용기를 타다가 손자는 다시 낙타를 타게 될 것이다."

❸ 물 · 식량부족

지구에 닥쳐올 위기로 먼저 물부족을 들지 않을 수 없다. 인류문명은 강을 중심으로 발달했고, 물은 공기와 더불어 인간과 잠시도 떨어질 수 없는 관계다.

2008년 7월 앨빈 토플러 등 미래학자들이 참석한 미국 워싱턴의 세계미래회의에서 제3차 세계대전은 물로 인해 일어날 것이라는 의견이 나왔다. 나라마다 물의 이용가치는 매우 높은 반면, 강은 여러 나라를 거쳐 흐르는 속성 때문에 물의 이용을 두고 분쟁이 일어날 수밖에 없다. 또한 지구온난화로 빙하가 서서히 녹아 해수면을 높이고 높아진 해수면이 도서와 섬들을 위협하고 바닷물은 저지대 육지의 지하수마저 짠물로 변화시킨다.

다음으로 식량부족을 들 수 있다. 40년 전 세계 인구는 30억에 불과했으나 지금은 60억이 훨씬 넘는데, 식량생산은 이를 따르지 못하고 있다. 지구상에 10억이 넘는 인구가 기아에서 헤매고 있는 참극을 우리는 매스컴을 통해 자주 접하게 된다.

❹ 새로운 질병의 출현

의료기술은 계속 발달하고 있지만, 인간이 정복하기 어려운 질병도 새롭게 등장하고 있다. 암, 에이즈, 조류독감, 신종플루 등에 이어 최근에는 슈퍼박테리아 전염공포가 세계로 번지고 있다. 인도발 슈퍼박테리아는 영국에 이어 캐나다에서도 발견되는 등 확산조짐을 보이고 있다. WHO에서도 신종 박테리아에 대한 경고령을 내렸다. 이것은 인간이 개발한 가장 강력한 항생제인 카르바페넘계 항생제가 듣지 않는 초강력 박테리아라고 한다.

온실효과

온실효과를 처음 주장한 사람은 프랑스의 저명한 수학자이자 물리학자인 장-밥티스트 푸리에다. 그는 대기가 가스로 인해 온실 같은 역할을 함으로써 지구가 따뜻함을 유지한다고 생각했다. 지구는 스스로 빛을 발하지 못하고 태양으로부터 받은 복사에너지를 발산할 뿐이다. 이때 태양의 온도가 높기 때문에 지구로 유입될 때는 가시광선을 띠지만, 지구는 온도가 낮아 반사되는 에너지는 적외선 형태를 띠게 된다.

태양광선이 대기권을 통과할 때 일부 반사되기도 하지만, 대부분의 광선은 지구표면에 흡수되고 지구는 따뜻하게 데워진다. 따뜻해진 지구가 적외선 에너지를 발산할 때 일부는 대기권을 통과하여 방출되고, 일부는 온실가스에 의해 대기권에 머물고 지표면에 흡수되어 온난화 현상을 일으 킨다.

이러한 온실가스에 의한 온실효과는 지구의 생태계가 형성되는 데 중요한 역할을 한다. 지구에 대기층이 없거나 아주 적다면 햇빛이 닿는 곳은 기온이 매우 높고 그러지 못한 곳은 온도가 아주 낮아 생명체가 유지하기 어려울 것이다. 학자들의 추측으로는 만약 대기층에 온실가스가 전혀 없다면 지구의 평균기온이 영하 18도 정도가 될 것이라 한다.

지구온난화의 주범

앞에서 기술한 바와 같이 지구온난화의 주범은 온실가스이며, 온실가스는 이산화탄소CO_2, 아산화질소N_2O, 메탄가스CH_4, 수소불화탄소 등으로 구성된다. 이 가운데 특히 석유, 석탄, 가스 등 화석연료의 연소에 의해 발생하는 이산화탄소가 88.8%로 대부분을 차지하고, 음식물쓰레기와 유기물분해에서 발생하는 메탄가스가 4.2%, 질소비료 또는 폐기물소각으로 발생하는 아산화질소가 2.6%, 세정제 사용이나 냉매 등에서 발생하는 수소불화탄소가 4.4%다.

그나마 온실가스의 대부분을 차지하는 이산화탄소의 상당량을 대자연이 소화시켜주고 있다. 과학자들은 숲이 광합성으로 이산화탄소를 흡수해 자신을 유지하고 탄소를 저장하며, 바다는 눈에 보이지 않는 생명체가 탁월한 탄소 저장 역할을 해준다는 사실을 알아냈다. 그러나 숲이나 바다가 언제까지 인간에게 자비를 베풀지 알 수 없다. 숲은 점점 줄어들고 있다.

지구온난화로 닥쳐올 재앙

❶ 기상이변의 빈발

과학자들은 기상이변의 원인으로 태양에너지양의 변화와 온실효과로 인한 지구변화를 거론하고 있다. 현재 우리는 기상이변을 직접 체험하면서 예측할 수 없는 갑작스러운 기후변화로 많은 인명과 재산상의 손실을 입고 있다. 예년에 볼 수 없던 폭염과 혹한은 농업생산에 막대한 피해를 주고, 국지적으로 쏟아진 폭우는 순식간에 도시를 물바다로 만들고 산사태를 일으켜 한 마을을 송두리째 삼켜버리기도 한다. 일본 기상연구소의 발표에 따르면 앞으로 10년 내에 슈퍼 대형태풍이 몰아닥쳐 바다의 유조선을 침몰시키고 대형 송전철탑을 쓰러뜨리는 재해가 일어날 것이라고 한다.

❷ 극지 빙하의 용해

남극과 북극에 있는 빙하는 두께가 3,000m에 이르는 곳도 있으나 이 빙하가 점점 녹고 있다. 만약 이 거대한 빙하가 다 녹아버린다면 해수면이 지금보다 80m나 높아진다고 한다. 이 많은 얼음이 금세기에 다 녹아버릴 것으로는 보지 않지만, 일부만 녹아도 인류에게 미치는 영향이 매우 크다. 20세기에 상승한 해수면은 17cm에 불과한데도 태평양의 저지대 섬들은 위기를 맞고 있다. 남태평양 피지 근방의 산호섬인 투발루는 태평양 저지대의 섬들과 더불어 삶의 터전이 심각한 위기에 처해 있다.

지구온난화로 북극에서는 얼음만 녹는 것이 아니라 얼어 있던 영구동토

층도 녹기 시작한다. 알래스카, 캐나다, 시베리아 등 고위도 지역에서 계속 얼어 있던 영구동토층의 식물을 비롯한 유기물이 녹으면서 거대한 양의 이산화탄소와 메탄가스를 발산해 지구온난화를 더욱 가속화시킨다.

❸ 심각한 물부족

빙하가 녹으면서 바닷물은 넘쳐나지만 우리가 사용하는 생활용수, 식수, 농업용수, 공업용수는 부족해진다. 2008년 7월 앨빈 토플러 등이 참석한 미국 워싱턴의 세계미래회의에서는 만약 제3차 세계대전이 일어난다면 물로 인한 전쟁일 것이라고 예측한 바 있다.

1967년 중동의 6일 전쟁도 물 때문에 일어났다. 이스라엘이 요단강을 농업용수로 활용하려 하는데 시리아가 강 상류에 댐을 건설하자 물이용에 위협을 느낀 이스라엘이 폭격기를 보내 댐을 기습 폭격함으로써 일어난 전쟁이 6일 전쟁이다. 이 전쟁에서 이스라엘은 주변 아랍국을 상대로 일방적인 승리를 거두었다.

도시국가인 싱가포르는 대부분의 물을 말레이시아에서 공급받아 이용하고 있으나 2011년 물공급 갱신을 앞두고 말레이시아가 물값으로 지금의 100배를 요구하고 있다. 이에 따라 싱가포르는 해수의 담수화, 빗물활용, 심층수 개발, 생활하수 정화 등 여러 방법을 시도하고 있으나 경제적 한계에 부딪치고 있다.

물로 인한 문제는 히말라야, 안데스, 인도의 힌두쿠시산맥과 같은 산악지대에서도 일어난다. 온난화로 고산지대의 얼음이 다 녹아버린다면 연중 흐르던 계곡물이 흐르지 않게 되어 이곳 사람들은 물기근을 맞을 수밖에 없다.

물에 관한 한 우리나라는 복받은 나라다. 그러나 우리도 머지않아 물부족국가가 된다고 하니 미리 대비하고 물을 아끼는 지혜가 필요하다.

❹ 식량생산의 급감

앞에서 이야기한 대로 인구는 폭발적으로 늘어나는 데 비해 식량생산은 기상이변 등으로 오히려 감소하고 있다. 지난여름 예년에 볼 수 없던 혹서가 러시아의 밀생산을 감소시켜 러시아가 밀수출을 중단했고, 전 세계 옥수수 생산량의 40%를 차지하는 미국의 옥수수 생산도 지난여름 이상기후로 크게 감소해 국제 곡물가격을 상승시켰다.

나라마다 인구증가로 도시화가 지속되고 산업시설과 골프장 등 레저시설의 확대는 농업용지를 더욱 축소하는 결과를 초래해 식량생산을 감소시키는 원인이 되고 있다. 또한 지구의 온난화로 해수면이 상승하면서 태평양 저지대 국가들의 농토에 바닷물이 스며들어 이 국가들의 식량난은 더욱 심화될 것이다

온실가스 감축을 위한 국제적 공동노력

❶ 브라질 기후변화 협약

1992년 브라질 리우데자네이루에서 지구환경을 되살리기 위한 국제회의가 열렸다. 178개국 정상들과 시민단체 대표 등 2만여 명이 참석한 기후변화 환경회의에서 기후변화의 심각성이 제기되었다. 이 자리에 어린이 대표로 참석한 12세의 소녀 세븐스스키는 이런 내용의 연설로 참석자들에게 큰 감동을 주었다.

"여러분은 우리 아이들의 미래를 생각해본 적이 있나요? 우리들을 사랑한다는 말이 사실이라면 정치가나 경제인으로서의 의무가 아니라 부모로서 책임을 다해주세요."

이 회의에서 온난화 방지를 위해 온실가스의 배출량을 줄이는 기후변화협약을 체결했으며, 이 협약은 1994년부터 발효되었다.

❷ 교토의정서 작성

1997년 온실가스의 감축을 위해 더 구체적인 대책을 협의하기 위해 일본 교토에서 세계 170개국 정상들이 다시 모였다. 이 회의에서는 진통 끝에 미국, 유럽연합, 일본 등 38개 선진국이 주축이 되어 교토의정서를 작성하게 되었다. 의정서에는 2012년까지 온실가스 배출량을 1990년 기준으로 5.2% 감소한다는 내용이 포함되었다.

그런데 대상이 되는 모든 나라가 동일한 양으로 감소하는 것이 아니라 각 나라의 현재 배출량에 따라 다르게 결정되었다. 즉, 유럽연합 15개 회원국은 8%, 미국은 7%, 일본·캐나다·폴란드·헝가리 등은 6%로 결정되었다. 그리고 러시아의 경우는 0%인 반면 오스트레일리아와 아이슬란드는 각각 8%, 10%씩 늘려도 된다는 것이었다.

교토의정서에 의무국으로 포함된 38개국의 온실가스 배출량은 전 세계 온실가스 배출량의 55%를 차지한다.

❸ 탄소배출권의 거래

교토의정서를 작성할 당시 미국의 반대가 심했기 때문에 온실가스를 가장 많이 배출하는 미국을 고려해 교토의정서에 포함된 것이 바로 탄소거래권이라는 새로운 통화정책이다. 탄소거래권이란 자국에서 온실가스 할당치만큼 줄일 수 없다면 더 배출할 여유가 있는 나라로부터 이산화탄소 배출권을 돈으로 살 수 있는 제도다.

그러나 2005년 2월 교토의정서가 발효될 당시 미국은 비준을 거부해 온실가스 감축대상국에 포함되지 않았다. 우리나라는 개발도상국이라는 이유로 이에 포함되지 않았지만, 우리나라도 에너지소비 세계 9위에 해당하는 데다가 온실가스 배출 증가량 1위 국가이기 때문에 다음번에는 의무대상국으로 지정될 수밖에 없을 것이다.

한편, 세계 금융시장에서 탄소배출권 거래시장이 급격히 커지는 양상을 띠고 있다. 2005년에 110억 달러, 2006년에는 300억 달러였는데, 2010년에는 1,500억 달러가 될 것으로 추정된다.

교토의정서에는 또 하나의 새로운 제도가 추가되었는데, 그것이 바로 청정개발체제CDM : Clean Development Mechanism다. CDM은 감축 의무국이 온실가스를 줄일 수 있는 여지가 많은 개발도상국의 청정개발사업에 투자해 온실가스 배출을 줄여주고 자국의 탄소배출권을 늘리는 제도다.

신재생에너지의 개발

❶ 태양광 에너지산업을 선도하는 독일

세계 각국은 화석연료의 고갈을 감안해 새로운 에너지를 찾기 위한 노력을 기울이고 있다.

독일 정부는 신재생에너지의 비율을 2020년 30%, 2050년에는 80%까지 확대한다는 목표를 세우고 있다. 이미 2007년에 전체 소비량의 14.2%

를 신재생에너지로 충당한 데 따른 자신감에서 나온 계획이다.

이 정책의 하나로 태양광발전을 확대하기 위한 '10만 태양지붕 프로젝트'를 들 수 있다. 이를 위해 일반주택과 빌딩은 물론 정부청사까지 어디를 가더라도 신재생에너지를 확인할 수 있는 거대한 태양광전지판이 빼곡 들어차 있다. 독일의 프라이부르크는 '태양의 도시'로 이름을 떨치고 있다. 이곳의 주택들은 태양열집열판에서 나오는 열을 이용해 난방을 하고, 건물벽체는 30cm 단열재를 사용해 열손실을 최소화했다. 이처럼 프라이부르크 시민들은 더 많은 비용을 부담하면서 태양광전지판의 보급에 기여하고 태양광전지판 회사인 졸라파브릭 같은 회사를 세워 일자리를 만들고 지역경제에도 도움을 주고 있다.

또한 독일에서는 냉난방에너지를 거의 안 쓰는 꿈의 주택으로 프랑크푸르트에 패시브 하우스Passive House를 건축해 꿈을 현실로 만들고 있다. 금년 중에 1,000가구를 넘길 전망인 패시브 하우스는 유럽의 신축 주택표준 가운데 하나가 되었다. 유럽연합EU은 2020년부터 모든 신축건물을 에너지소비 0에 가깝게 짓도록 하는 내용의 '유럽건물 에너지 효율규정'을 지난 2010년 6월에 발표했다.

❷ 의욕에 찬 중국의 신재생에너지

중국이 2009년 8월에 착공해 완공을 앞두고 있는 태양광발전소는 67만㎡의 부지 위에 태양전지판만 2만 개에 이른다고 한다. 중앙정부의 승인을 받아 건설되는 중국 둔황의 태양광발전소는 발전용량 20메가와트로 중국 최대규모고, 아시아에서는 세 번째 규모다.

중국은 전 세계 태양전지 시장의 37%를 점유하고 있고, 10대 태양전지업체 중 4개 업체가 중국에 있다. 중국 대륙 동부연안에도 태양광발전을 이용한 도시건축물이 활발히 건축되고 있다. 베이징에서 동남쪽으로 140km 떨어진 곳에 있는 허베이성 바오딩시는 '전기밸리'로 통할 만큼 태양전지와 풍력발전 제조업체가 200여 개나 몰려 있다. 또한 바오딩시 외곽에서는 태양전지판을 이용한 가로등들이 눈에 띄고, 교통신호등에도 태양전지판이 설치되어 있다. 도심 북쪽에는 중국의 유일한 태양에너지 호텔인 덴구진장 국제호텔이 자리잡고 있다. 23층 높이의 이 5성급 호텔에는 객실 창문을 비롯한 건물 전체에 태양전지 모듈이 부착되어 있어 호텔운영에 필요한 전력의 10~20% 정도를 감당한다고 한다.

중국은 2020년까지 원자력발전소 20기에 해당하는 전력을 태양광발전으로 충당하겠다는 거대한 계획을 세워두고 있다.

❸ 풍력에너지의 개발

신재생에너지 강국을 꿈꾸는 중국은 신재생에너지 가운데 가장 비용이 적게 드는 풍력발전에 상당히 역점을 두고 있다. 남한 면적의 12배에 이르는 네이멍구의 초원지대에 대규모 풍력발전소가 들어서 있다. 2009년 현재 총발전용량은 9,196메가와트인데, 이는 원자력발전소 9기에 해당하는 규모다.

우리나라에도 머지않아 해상풍력발전단지가 조성될 예정이다. 포스코건설에서는 오는 2015년까지 2조 5천억 원 이상을 투자해 서남해안 일대에 풍력단지를 건설하고, 시간당 600메가와트 전력을 생산하기로 했다. 이는 인구 80만 명 정도의 도시가 사용할 수 있는 전기량으로 작은 규모가 아니다.

현재 국내의 신재생에너지 가운데 풍력이 차지하는 비율은 0.7%에 지나지 않지만, 2030년까지는 20~30%가량을 풍력에 의존하게 될 것이다. 풍력발전 시스템은 무엇보다 구조나 설치 등이 간단하고 운영·관리가 쉽다는 장점이 있기 때문이다.

우리나라의 실상

❶ 전형적인 고탄소사회

제1차 경제개발 5개년 계획이 시작된 1961년에는 소비재 생산 및 수입대체와 경공업제품의 수출로 시동되어 비료, 시멘트, 합판, 섬유, 전력개발 등이 전략산업 분야로 선정되었다. 1973년에 이르러 중화학공업화를 최우선 과제로 선언하고 산업의 전후방 효과가 가장 큰 철강, 비철금속, 기계, 조선, 화학 등 6대 중화학공업 분야를 전략산업으로 지정해 집중적으로 투자함으로써 전형적인 석유소비 위주의 산업구조로 크게 발전했다.

이와 함께 정부는 공업입지의 조성을 위해 '산업기지촉진법'을 제정해 창원, 구미 등에 기계공업단지와 전자공업단지를 건설하는 등 단기간 내에 세계에서 유례를 찾아볼 수 없는 공업화를 진전시켰다. 그러는 가운데 불가피하게 대량의 이산화탄소를 방출하는 산업공해가 점차 우리를 위협하게 되었다.

❷ 우리의 국민의식

대우개발의 탱크박사로 잘 알려진 배순훈 박사는 정보통신부 장관, KAIST 교수를 역임한 인물로 현재는 국립미술관 관장이다. 그는 KBS 특강에서

"우리가 지금은 국민소득이 일본에 크게 뒤져 있지만, 6만 달러 달성은 일본을 앞질러 먼저 도달할지 모르겠다. 그러나 이에 상응하는 문화가 따르지 못하면 높은 소득이 재앙이 될 것이다"라고 역설한 바 있다.

이 얼마나 적절한 표현인지 모르겠다. 우리는 미국 다음으로 큰 차를 선호하는 나라다. 또한 가정이나 사무실의 냉난방온도를 겨울에는 지나치게 높게, 여름에는 지나치게 낮게 유지하는 경향이 있다. 영하 10도가 넘는 겨울날에 집안 거실에서 러닝셔츠나 잠옷 차림으로 생활하는 국민은 아마 이 지구상에 우리 외에는 없을 것이다.

또한 쓰레기처리에 너무 무관심한 것 같다. 몇 년 전 강원도에서 개최된 국제 보이스카우트 캠핑잼버리에서 분리수거가 제대로 안 된 쓰레기를 산더미같이 쌓아놓은 모습을 보고 독일에서 온 참가자들이 놀라는 모습이 보도된 바 있다. 그뿐만이 아니다. 홍수가 지난 뒤 수도 서울의 식수원인 팔당, 청평댐이 쓰레기로 뒤덮인 광경을 쉽게 볼 수 있으며, 휴가철이 지난 뒤에는 온 나라 구석구석에 쓰레기가 쌓이는 것이 눈에 띈다.

이와 같은 국민의식이 제대로 변화하지 못한 채 갑자기 국민소득만 늘어난다면 분명 재앙이 될 수밖에 없을 것이다.

❸ 원자력발전소 건설 및 운영 수출국 부상

다행히 우리는 원자력발전소 건설과 운영에 관한 한 어느 선진국과도 겨룰 만한 경험을 갖추고 있다. 얼마 전 아랍에미리트에서 건설 및 운영에 대한 수주를 받아 공사가 진행 중이며, 그 밖에도 터키를 비롯한 몇 개국과 협의를 진행하고 있다.

일부에서는 경제적 효율성을 거론하며 원자력을 신재생에너지로 분류

할 것을 주장하는 학자들도 있다. 원자력발전을 통해 저렴하게 수소를 생산해 에너지로 이용할 수 있다는 점이 부각되기도 한다.

녹색성장은 선택이 아닌 필수

대부분의 주요 선진국가들은 온실가스 배출의 상한치를 의무적으로 지켜야 하며, 지금은 제외되어 있다 해도 곧 그렇게 될 전망이다. 교토의정서 1차 공약기간이 끝나는 2013년이 되면 의무적으로 감축해야 할 나라가 우리나라를 비롯한 여러 나라로 확대될 것이다.

이와 같은 세계조류에 앞서지 않고는 선진국에 진입할 수가 없다. 정부는 녹색성장을 선진국 진입의 마지막 기회로 보고 전력을 다하고 있다. 이에 따라 2009년 2월 국무총리와 민간전문가를 공동위원장으로 하는 '녹색성장위원회'가 발족되어 활발히 활동하고 있으며, 2010년 1월 여야 합의로 '저탄소녹색성장기본법'이 국회를 통과해 운영되고 있다.

이제 녹색성장은 선택이 아닌 필수과제로서 정부는 3대 정책방향에 10대 추진전략을 수립해 강력히 추진하고 있다. 녹색기술 연구개발투자를 2013년까지 지금의 두 배로 확대해 27개 기술을 중점 개발함으로써 2020년까지 세계 7대 녹색성장강국에 진입한다는 계획이다.

이를 위해 지난 11월 이명박 대통령이 주재한 제9차 녹색성장위원회에서 정부와 기업이 신재생에너지의 개발에 40조 원을 투자하기로 의결했다. 또한 녹색성장의 원천기술개발과 산업화로 세계를 주도하는 제2의 삼성, 현대를 탄생시키고 더 많은 일자리를 만들겠다는 야심이 대단하다.

2. 녹색성장의 지혜

녹색성장이란?

일상생활 속에서 자원과 에너지를 친환경적으로 이용하고 온실가스 배출과 오염물질 발생을 줄여 저탄소녹색사회를 구현하는 생활문화를 말한다. 온실가스 전체 배출량의 43%가 가정, 상업, 수송수단에서 배출되고 있어 국민 모두가 온실가스 배출을 줄이는 데 참여하는 것이 매우 중요하다고 하겠다.

건강을 위한 최고의 방법은 걷기

건강을 위해 가까운 거리는 되도록 걷고 자전거를 많이 이용하자. 승용차 요일제를 반드시 실천하고 대중교통을 이용함으로써 교통량을 줄여 이산화탄소 배출을 줄여야 한다.

세계에서 행복도가 가장 높다는 덴마크의 코펜하겐은 통근자의 36%가 자전거로 출퇴근을 한다고 한다. 우리나라의 경우 창원시는 계획도시로 비교적 자전거도로가 잘 정비되어 있어 자전거통근 비율이 우리나라에서 가장 높다고 한다.

주변 공간을 녹색으로 가꾸자

슬래브식 단독주택이나 옥상을 이용할 수 있는 다가구주택 등에서는 옥상에 채소를 재배해 건물의 단열효과를 높이고, 채소구매에 따른 금전적 이

득과 여가활용 및 어린이 학습효과도 누리자. 또한 남는 채소는 이웃과 나눔으로써 좋은 관계를 유지하고 도시공해의 흡수에도 도움이 되게 하자.

적정한 냉난방온도 유지

여름에는 26도 이상, 겨울에는 20도 이하의 실내온도를 유지토록 하고, 에어컨 사용을 최대한 줄여 전기를 절약하고 가정에서 내뿜는 이산화탄소를 줄이자. 또한 겨울에는 사용하지 않는 방에 난방공급을 차단하고 실내에서 내의 입기를 생활화하자.

절전의 생활화

아직도 백열등을 쓰고 있다면 반드시 절전형 전구 또는 형광등으로 교체하고, 각종 가전제품을 쓰지 않을 때는 플러그를 꼭 뽑아두자. 전원스위치는 멀티탭을 사용해 연결과 차단을 편리하게 하고, TV는 고효율 TV를 선택하고 시청시간도 줄이자.

음식쓰레기 줄이기, 물 절약

음식은 조리할 때부터 적다고 느낄 만큼의 양을 조리해 음식쓰레기를 줄이고, 음식쓰레기는 물기를 완전히 빼서 버리자. 음식쓰레기를 퇴비로 만들어 활용하는 방법도 있다. 적당한 크기의 상자에 음식쓰레기를 담아 지렁이를 함께 넣어두면 지렁이가 음식쓰레기를 먹고 좋은 퇴비를 배설하기 때문에 채소재배나 화초밭에 활용할 수 있는 것이다. 이 방법은 단독주택이나 옥상이 있는 주택에서는 쉽게 활용해볼 수 있을 것이다.

아울러 빨래는 가능한 한 모아서 하고 샤워시간을 줄여 물 절약을 생활화하자.

재활용과 녹색구매

물물교환의 달인이 되어 살까 말까 망설이게 되는 물건은 사지 말고, 꼭 사야 할 때는 친환경제품, 녹색인증 라벨이 있는 제품을 구매하자. 또한 정부의 탄소포인트 제도를 활용해 전기와 수돗물의 사용량을 줄이고 포인트로 보상을 받자.

효과적인 냉장고 관리

냉장고는 벽과 적정한 거리를 떨어뜨려 배치하고 열기구와는 멀리 둔다. 냉장실 온도는 3~5도, 냉동실 온도는 영하 15도 정도로 적정한 온도를 유지한다. 성애제거와 내부정리를 규칙적으로 실시하며, 냉장고 안을 가득 채우기보다는 60% 정도만 채워 적절한 공간을 유지하도록 하자.

자동차와 우리 생활

차를 살 때는 경·소형의 연비가 높은 차를 선택함으로써 유류소모를 줄이자. 그리고 급제동, 급출발을 하지 않고 불필요한 공회전을 하지 않는 등

운전습관을 바로 가져야 한다. 또 타이어의 공기압이 적정한지 수시로 점검하고 일주일에 하루는 꼭 쉬게 하자.

일회용품 사용자제 및 로컬푸드 구매실천

일회용품의 사용을 줄이고 장바구니 들기를 실천함으로써 비닐봉지의 사용을 자제하자. 또한 신선도 유지와 운송거리 단축을 위해 인근지역에서 생산되는 식품을 구매하자.

맺음말

지구의 주인은 바로 우리이며, 우리의 작은 노력이 지구환경을 살린다. 지구환경을 살리는 실천을 생활화하자.

참고문헌

『**지구를 생각한다.**』한국과학창의재단 기획
『**녹색생활 무엇이든 물어보세요.**』환경부

CHAPTER **17**

과학적 삶, 창조적 미래

이만기

동국대학교 행정대학원 정책학 / 서울대학교 행정대학원(국가정책 과정)

과학기술부 기초과학인력국장 / 국가과학기술자문회의 사무처장

기상청장 / 현) 인제대학교 자문 및 초빙교수

우리가 중국음식점에서 간단히 음식을 주문할 때면 항상 자장면을 시킬까 짬뽕을 시킬까 고민하게 되고, 주문한 다음에는 옆사람이 먹는 것을 보고 그걸 시킬 걸 하고 후회한 경험이 한두 번은 있을 것이다.

이러한 소비자의 고민이랄까 수요를 알아차린 중국집 사장님들이 처음에는 자장면에 짬뽕 국물을 서비스로 주더니 나중에는 아예 자장면과 짬뽕을 합한 '짬자면'이라는 새로운 메뉴를 선보였다. 요즘에는 이런 복합 메뉴가 더 개발되어 짬자면 외에도 볶음밥 · 자장면 · 탕수육 · 짬뽕의 교합 메뉴인 볶자면, 볶짬면, 탕짬면, 탕볶밥 등 혼란스러울 정도로 다양해졌다. 이것은 생활수준의 향상과 소비자의 입맛 다양화라는 사회변화에 부응한 중국음식점의 영업전략이지만, 소비자의 입장에서는 선택의 폭이 넓어진 것 못지않게 선택의 고민도 커지는 일이다.

이러한 고민은 우리나라가 서구문화를 수용하는 과정에서 느끼는 이성적 사고와 감성적 사고 사이에서도 존재한다. 거리의 신호등과 증권시장을 예로 들어보자. 신호등의 경우 파란색은 안전한 것, 즉 길을 건너라는 것이고, 빨간색은 위험한 것, 즉 정지하라는 신호다. 그래서 우리는 어떤 일이 잘 풀릴 것 같으면 청신호가 켜졌다고 하고, 반면 어려움이 있을 것 같으면 적신호가 켜졌다고 표현한다. 그런데 증권시장에서는 파란색이 위험한 것, 즉 주가가 떨어질 때를 표시하고, 빨간색은 주가가 오를 때를 표시하는 색깔이다. 신호등의 경우를 이성적 색표시라고 한다면 증권시장의 경우는 감성적 색표시라고 할 수 있다. 신호등이나 증권시장 모두 서구에서 받아들인 것이지만 하나는 서구방식을, 다른 하나는 우리의 감정표현방식을 택한 것이다. 증권사 객장에서 주가표시판을 바라보다가 거리로 나오면 잠시 무의식적으로 빨간 신호등에 긍정적·적극적 생각이 스칠 수도 있다.

이러한 판단의 혼돈현상이 대학진학 등의 진로결정과 직업선택을 할 때도 일어난다. 사람들은 "직업에는 귀천이 없다"고 말하는데, 이는 기본적으로 서구의 개념에서 출발한 것이라 할 수 있다. 영어나 독일어 등 서구언어에는 직업의 높낮이를 의미하거나 암시하는 표현이 없고, 거의 대부분 직업적으로 하는 일이나 대상에 -er, -or이나 -ist를 붙이면 직업표시가 된다. 즉, engine-er, teach-er, tail-or, profess-or, art-ist, scient-ist 하는 식이다.

그러나 우리나라의 경우는 직업표현의 어미에 높낮이의 의미가 은연중에 녹아 있다. -부夫, -부婦, -원員, -사事 : 도지사, 판사, 검사, 형사, -사師 : 의사, 약사, 교사, -사士 : 변호사, 변리사, 회계사 등 직업에 따라 붙이는 어미가 다양하고 뉘앙스도 다르다. 어느 직업에는 선비 '사'를 붙이지만 어느 직업에는 지아

비 '부' 또는 지어미 '부'를 붙였다가 요즘에는 '원' 이나 '사'로 바꾸어 부르고 있다. 이렇게 바꾸어 부른다는 것 자체가 직업의 높낮이를 의미한다고 생각하는 증거라고 할 수 있다. 의사의 경우 스승의 의미인 '師'를 쓰면서도 거의 대부분 선생님까지 붙여서 '의사선생님'이라고 중복적으로 존칭을 한다.

우리가 머리로는 직업이 평등하다고 생각하려 하지만 가슴으로 느끼는 것은 직업표현에서 보듯이 큰 차이가 있다. 현실이 이렇기 때문에 많은 사람들이 이른바 '사'자가 들어가는 직업, 즉 변호사, 판·검사, 의사 등으로 몰리게 된다. 그렇다면 미래에도 이러한 현상이 지속될까? 장래에 어떤 직종이 유망할 것인가에 대해 정확히 예측하기는 쉽지 않겠지만, 사회발전에 따른 인식변화로 현재의 상황과는 다를 것이라는 점은 분명하다. 예전에는 제대로 평가받지 못했거나 심지어는 폄훼되었던 분야들이 지금 새롭게 인식되고 있는 것을 보면 장래의 전개상황을 미루어 짐작해볼 수 있다. 요즘에는 연예인이나 스포츠스타가 청소년에게 선망의 대상이고 예술·연예산업, 의상·헤어디자인, 드라마·영화산업 등은 국내에서뿐만 아니라 외국에서 이른바 한류바람을 일으키고 있다. 특히 소녀시대, 카라 등 걸그룹의 성공전략은 다른 분야에서 연구나 벤치마킹의 대상이 되기도 한다.

그렇다면 급격하고 불확실한 변화 속에서 미래를 개척해나가기 위해서는 어떻게 해야 할까?

첫째, 생각의 벽, 사고의 경직성을 깨뜨리고 남과 다른 생각, 남보다 앞선 생각을 가져야 한다.

현재의 10대, 20대가 인생을 꽃피울 시기는 아마도 20~30년이 후쯤이 될 것인데, 그때의 상황을 지금의 기준으로 판단하는 것은 지혜롭지 못한 일이다. 따라서 현재를 기준으로 하는 고정된 사고를 깨뜨리고 시대에 앞서는 생각, 남과 다른 생각을 할 수 있어야 한다.

빗을 만드는 회사 사장이 어느 날 신입직원 세 사람에게 임무를 주었는데, 그 내용은 스님에게 가서 빗을 팔고 오라는 것이었다.

한 직원은 하나도 못 팔고 돌아왔다. 이유를 물으니 스님이 자신은 삭발을 해서 빗이 필요없다고 하기에 그냥 돌아왔다고 했다.

또 다른 직원은 스님에게 말하기를, 자신이 가만히 살펴보니 법당에서 예불을 드리고 나오는 신도들의 머리가 대부분 108배를 하느라 헝클어져 있으니 법당 앞 댓돌 기둥에 고무줄로 빗을 여러 개 매달아놓으면 좋지 않겠느냐고 해서 10개를 팔았다.

다른 한 직원은 스님을 찾아가 절에서 마이크로 독경소리를 들려주는 것도 좋지만, 절 앞을 지나치는 수많은 등산객들에게 부처님의 말씀이 새겨진 빗을 하나씩 나눠주는 것이 포교에 더 도움이 되지 않겠느냐고 말해서 빗 1,000개를 팔고 돌아왔다.

사장의 눈에 누가 가장 능력 있는 직원일지는 명백하다. 빗을 스님에게 팔기는 했지만, 사용자를 누구로 생각했느냐의 차이가 천양지차의 결과를 낳은 것이다.

포어사이트 네트워크Foresight Network의 전문가들에 따르면 2020년경에는 현존 직종의 80%가 소멸하며, 2030년경 보편화되는 일자리로는 인간 장기 제조회사, 노화예방 매니저, 기억력증강 내과의사, 기후변화대응 전문가, 기후산업개발자, 날씨조절관리자, 개인브랜드 창안자 등을 뽑았다.

둘째, 작은 일에도 최선을 다하고 무엇보다도 열정을 바쳐야 한다.

사자가 먹잇감을 사냥할 때는 아무리 하찮은 짐승이라도 전력을 다해 질주한다고 한다. 발명왕 토머스 에디슨이 설립한 미국의 GEGeneral Electric 사는 미국의 자존심이라고 해도 과언이 아닌 미국의 대표기업이다. GE사는 한동안 침체를 겪다가 잭 웰치Jack Welch라는 걸출한 CEO의 등장으로 다시 세계 초일류기업의 자리에 올랐다. 잭 웰치 회장은 재임기간 내내 GE의 발전을 위해서는 무엇보다 직원들의 의식이 중요하다고 생각하고 직원교육 및 직원과의 소통에 많은 시간을 할애했다.

그 당시 잭 웰치 회장이 직원들에게 강조한 것은 4E+1P였다. 직원 자신의 발전과 회사의 번영을 위해서는 직원 개개인이 활력이 있어야 하고Energy, 남에게 활력을 줄 수 있어야 하며Energize, 무엇을 결정할 때는 우물쭈물하지 말고 명쾌하고 단호해야 하고Edge, 일단 결정했으면 신속히 실천에 옮기라는 것Execute이다. 그러나 잭 웰치 회장이 가장 중요하게 강조한 것은 무엇보다도 직원들의 열정Passion이었다.

요즘 지속적인 취업난 속에서 구직자들이 생각하는 이른바 취업의 스펙을 보면 해외어학연수, 영어성적, 자격증 및 봉사실적 등 여러 가지가 있다. 그런데 정작 기업의 인사담당자들이 생각하는 최고의 스펙은 창의적인 생각과 도전정신, 업무에 대한 성실성과 열정이라고 한다.

셋째, 어떠한 상황에도 슬기롭게 대처하고, 나아가 그 상황을 이용할 줄 알아야 한다.

근래 들어 온실가스에 의한 기후변화로 세계 곳곳에서 이상기상 현상이 빈발하고 있다. 이러한 기후변화에 대한 대책으로 기후변화에 관한 정부간위원회IPCC에서는 이른바 이중전략Two Track Approach을 권고하고 있다. 우선적으로는 온실가스 감축을 통한 기후변화 현상의 완화Mitigation이고, 그 다음으로는 지금 당장 온실가스 방출을 완전히 억제한다 해도 이미 발생한 온실가스에 의해 일정기간은 불가피하게 기후변화가 지속될 것이므로 기후변화에 적응Adaptation해야 한다는 것이다.

우리는 더 나은 미래를 위해 기후변화에 대한 대책과 같은 개념으로 환경변화에 대한 '완화'와 '적응' 외에 환경변화를 이용할 수 있어야 한다. 지구가 생성된 후 수많은 생물체가 명멸하는 과정에서 살아남은 생물체는 '강자强者'가 아니라 환경에 적응한 '적자適者'였다. 매머드, 공룡은 강자였음에도 변화하는 환경에 적응하지 못해 멸종되었지만, 초파리나 쥐는 약자였는데도 살아남았다. 강자생존强者生存이 아니라 적자생존適者生存의 자연법칙을 여실히 증명한 것이다.

그러나 적자생존만으로는 말 그대로 생존은 가능할지 몰라도 발전과 번영은 구가하기 어렵다. 변화되는 환경을 이용Utilization해야 번영을 누릴 수 있다. 지구상의 생물체 가운데 인간만이 변화하는 환경에 적응하고 더 나아가 환경변화를 이용함으로써 만물의 영장이 되었고, 그래서 지금의 번영을 누리고 있는 것이다. 위기는 위험한 기회Chance의 뜻으로 해석할 수도 있다. 난관과 어려움을 발전과 도약의 기회로 활용할 수 있어야 한다.

기상청에서는 혹서기나 혹한기에 기상예보가 아닌 기상현상 자체로 인해 곤욕을 치르기도 한다. 여름철 최고기온이나 겨울철 최저기온이 관측된 곳으로 발표되는 지역에서는 땅값이나 집값이 떨어지고 관광객이 감소한다는 이유로 기상청의 관측이 잘못되었다고 주장하거나, 심지어는 기상청의 관측소 이전을 요구하기도 한다. 반면 강원도 철원의 경우는 오히려 이를 잘 활용했다. 즉, 철원지역은 겨울에 매우 춥기 때문에 해충이 모두 얼어 죽어 다음 해 여름에 농약을 칠 필요가 없고, 따라서 철원지역에서 생산되는 농산물은 모두 청정 유기농 농산물이라는 점을 홍보해 소비자들의 큰 호응을 얻은 것이다. 철원의 오대쌀이 대표적인 예라 하겠다.

넷째, 한자漢字를 익혀야 한다.

우리나라의 한글은 가장 과학적이고 배우기 쉬우며, 특히 정보화사회에서 진가를 발휘하는 뛰어난 글자다. 영국의 언어학자 제프리 샘슨Geoffrey Sampson은 한글을 '인류의 위대한 지적 유산'이라 평가하면서 인류가 더 이상 발전시킬 수 없는 문자라고까지 극찬했다.

그런데 소프트웨어적 국보로 여길 만큼 우수한 한글을 가진 우리가 한자를 익혀야 하는 이유는 무엇일까. 우선 우리나라 말의 많은 부분이 한자에 기초를 두고 있어 정확하고 풍요로운 어휘활용을 위해서는 한자에 대한 이해가 매우 중요하기 때문이다. 또한 근래 들어 중국이 급성장하면서 우리나라에 대한 중국의 영향력이 급격히 증대되고 있기 때문이다. 중국은 이미 세계 2위의 경제대국으로서 국제정치에서도 미국과 더불어 세계의 양대 주역으로 등장했다. 중국의 인구는 본토에만 13억 2천만 명이고, 전 세계에 퍼져 있는 화교가 약 4천만 명이어서 전 세계 67억여 인구의 20%를 넘는다. 이러한 상황에서 중국어까지는 못해도 한자만이라도 이해하면 많은 부분에서 최소한의 의사소통이 가능할 것이다. 또 다른 측면에서는 우리나라가 한자를 이해하는 데 유리한 환경이기 때문에 한자문화권이 아닌 미국이나 서구 각국에 비해 장점이 될 수 있으며, 그 또한 중요한 경쟁력의 요소이기 때문이다.

다섯째, 꾸준한 독서로 안목을 넓히고 혜안慧眼을 갖도록 노력해야 한다.

카폰Car Phone이 달린 차를 보고 부러워하던 때가 엊그제 같은데, 그사이 삐삐를 거쳐 스마트폰까지 나왔다. 또한 소니사가 워크맨으로 세계를 놀라게 한 것이 얼마 지나지 않았는데, MP3의 등장으로 워크맨은 이제 추억의 제품이 되어버렸다. 메모지가 없으면 손바닥에 펜으로 전화번호나 약도를 그려주던 일은 옛이야기가 되고, 이제는 내비게이터와 스마트폰이 그 역할을 대신하고 있다. 이처럼 숨가쁘게 변화하기 때문에 우리는 그것을 따라가느라 어지러움을 느끼기도 하지만, 미래를 지혜롭게 준비하려면 도도히 흐르는 큰 물결의 흐름을 읽을 수 있어야 한다.

이를 위해서는 폭넓은 독서를 통한 지식의 확대와 간접경험이 매우 중요하다. 신문의 광고사진을 가까이 들여다보면 각각 색이 다른 점에 불과하지만 조금 떨어져서 보면 그림이 나타난다. 이처럼 어떤 사안에서 떨어져 바라보고 그림을 발견할 수 있는 눈과 지혜는 독서에서 나온다 해도 과언이 아니다. 특히 이공계 전공자에게는 인문사회 분야의 독서가, 인문사회계 전공자에게는 자연과학 분야의 독서가 큰 자양분이 된다.

미래는 통찰력을 가지고 준비하는 사람의 것이며, 행복은 크기가 중요한 것이 아니라 빈도가 중요하다는 말이 있다. 이와 같이 큰 꿈은 창조적인 생각과 도전정신, 그리고 작은 꿈들이 현실로 바뀔 때 이루어진다.

CHAPTER **18**

에너지 사정과 원자력의 역할,
그리고 대체에너지 원자력 연료

이익환

한양대학교 원자력공학과 석사

미국 Western New England College 이수(엔지니어링)

한전원자력연료주식회사 사장 역임 / 현) 한국원자력기술(주) 회장

현) 한국과학기술정보연구원 전문연구위원 / 현) IAEA 자문위원

유한한 석유자원과 석유공급량의 정점Peak Oil에 와 있는 현재, 더욱이 석유 가격의 급등은 국제 에너지 환경의 변화와 국제질서를 어지럽히고 있다. 우리나라도 예외는 아니어서 곧 기후변화에 따른 규제를 받게 되어 있으므로 이에 대한 대비가 절실하다. 우리나라는 2007년 전체 석유수입량의 5%를 기록해 세계 5위를 차지했다. 이에 대해 현 정부는 석유의존도를 줄이려는 노력을 기울이는 동시에 우리나라의 성장기조정책을 녹색성장으로 정의하고 이산화탄소 등 온실가스의 감축을 강도 높게 추진하고 있다.

한편, 2050년에는 세계의 에너지 수요가 현재보다 두 배 이상 증가할 것이며, 특히 그중 70% 이상이 개발도상국에서 증가할 것으로 내다보고 있다. 중국, 인도 등 개발도상국가를 중심으로 에너지 수요가 급등하고 전 세계적으로도 꾸준한 에너지 수요의 증가가 예상된다. 따라서 중국, 인도, 일본 등 각국은 자원확보경쟁 속에서 에너지안보를 위한 대책을 강구하고 있다. 어느 국가에서든 자원과 에너지의 확보는 국가안보의 중요한 한 부분으로 자리매김하고 있다. 이는 우리나라도 마찬가지다. 국가의 생존이 바로 에너지와 직결되기 때문이다.

❖ 한국의 에너지 수입현황

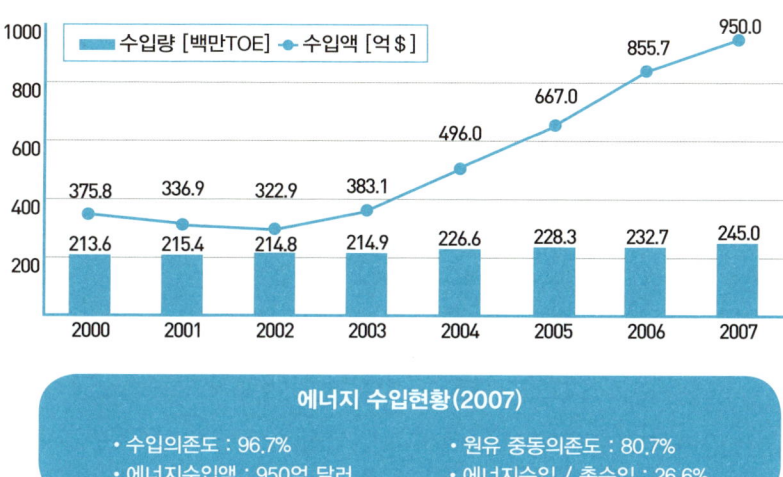

에너지 수입현황(2007)	
• 수입의존도 : 96.7%	• 원유 중동의존도 : 80.7%
• 에너지수입액 : 950억 달러	• 에너지수입 / 총수입 : 26.6%

선진국들은 이미 온실가스 의무감축 규제대상이 되어 있다. 그동안 개발도상국가로 분류되어 유예를 받은 우리나라도 2013년부터는 이를 피해 갈 수 없어 탄소규제를 위한 탄소세를 물어야 할 입장이다. 현재 유럽의 경우를 보면 탄소발생 톤당 약 20유로달러로 탄소세가 거래된다. 우리나라는 연간 약 5억 톤 이상의 탄소를 배출하고 있으므로 이에 대한 대책을 잘 세우지 않는다면 연간 약 150억 달러 이상의 탄소세를 물어야 할 것이다. 정부는 이에 대한 대책으로 그동안 이산화탄소가 발생하지 않는 원자력, 신

재생에너지의 개발에 박차를 가해왔다. 그러나 대량의 에너지를 공급해야 하고 여건이 좋지 않은 환경에서 짧은 시일 내에 기술과 경제성이 담보되는 에너지원을 찾기는 쉽지 않다.

한마디로 세계는 온실가스 감축을 위한 전쟁을 치르고 있다고 할 수 있다. 그런데 앞서 말한 대로 신재생에너지의 개발 인프라를 구축하는 데는 한계가 있다. 신재생에너지로는 풍력, 태양광발전, 수력, 바이오매스에너지 등이 있다. 우리나라에서도 신재생에너지의 개발에 역점을 두고 강력히 추진하고 있지만, 선진국과 비교하면 아직 미비한 편이어서 목표대로 효과를 거둘지에 대해 의문이 제기되고 있다. 특히 신재생에너지는 경제성 면에서 현실적으로 매우 비싸기 때문에 정부의 강력한 지원 하에 어느 정도까지 수용할 수 있을지 결과가 주목된다.

이러한 현실적 관점에서 원자력발전은 경제성이 월등하고 안전성이 완벽하며 전력을 대량으로 공급할 수 있어 매우 매력적인 대안으로 인식되고 있다. 그래서 각국은 원전을 건설하기 위해 국제원자력기구IAEA에 자문을 구하는 등 적극성을 보이고 있다. IAEA의 추정자료에 따르면 2030년까지 약 300기 이상의 원자력발전소를 건설할 것으로 추정되는데, 이는 발전시설 용량으로 따지면 376GW3억 7,600만kW 정도에 해당한다.

우리나라는 현재 총전력의 약 35~40%를 원전에서 공급하고 있다. 정부는 녹색성장의 기조 아래 원전공급을 확대하는 정책을 확정하고 종전의 원전개발계획을 수정해 2030년까지 39기의 발전소를 운전하면서 약 59%의 전력을 원자력으로 발전한다는 계획을 확정했다. 일부에서는 LNG가스발전 등 추가 화력발전소의 건설을 지양하고 원자력발전을 더 건설해야 한다는 목소리가 나오고 있다. 원자력 전기를 가장 많이 이용하는 국가는 프랑스로 전체 전기의 약 80%를 생산하며, 이 전기를 이웃 국가인 이탈리아와 벨기에 등에 수출하기도 한다.

❖ 국내 원자력 환경변화

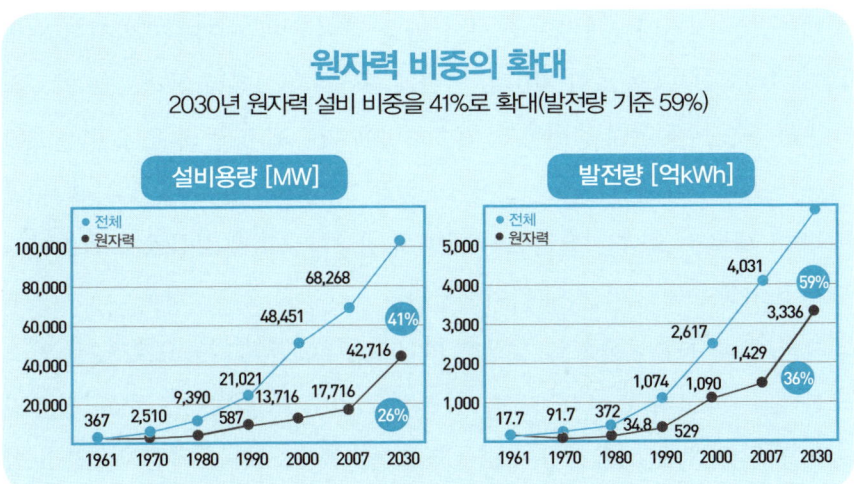

원자력 비중의 확대

2030년 원자력 설비 비중을 41%로 확대(발전량 기준 59%)

우리나라의 원전기술은 1995년 약 95%의 기술자립을 달성하고 이를 지속적으로 발전시켜왔다. 이를 근거로 2009년 말에는 중동의 UAE에 4기의 원전을 약 200억 달러 수출 후 부대사업비까지 고려하면 400억 달러의 수출효과에 수출하는 개가를 올린 바 있다. 정부는 2030년까지 약 80기의 원전을 세계에 수출한다는 의욕 넘치는 계획을 수립한 바 있다. 우리나라는 그동안 조선, 자동차, 반도체 및 휴대폰 등 IT산업에서 주로 수출을 해왔으나 앞으로는 원전산업도 수출동력산업으로 발전하게 될 것이 확실하다.

원전의 효율적인 건설 운영을 위해서는 유기적인 국내 인프라의 구축이 반드시 필요하다. 원전의 설계에서부터 기기제작, 건설, 시운전, 운영에 이르기까지 조직적인 인프라가 구축되어야 한다. 원전기술은 어느 것 하나 중요하지 않은 것이 없으며 유기적으로 서로 연관되어 있다. 이중에서도 핵연료의 설계·제조기술은 매우 중요한데, 그것이 원전의 운전실적에 곧바로 영향을 주게 되어 있기 때문이다.

핵연료는 원전기술개발의 역사와 맥을 같이하며 기술이 개발되어왔다. 1970년대와 80년대 초의 원전 초기단계에서는 핵연료를 전적으로 외국에 의존하다가 1980년대 중반부터 기술자립에 착수해 90년대 초에 국산화에 성공했으나 연료결함률의 제고에 더 많은 노력을 기울여야 했다. 2000년에 들어 새로운 고성능 핵연료의 개발에 성공함으로써 결함률을 최소화해 발전소 가동률을 높이는 데 기여해왔다.

특히 외국사와 공동으로 개발한 PLUS7과 ACE7의 성공으로 높은 연소도는 물론 최고의 원전가동률을 지원하고 있다. 우리나라는 현재 원천기술을 제외한 모든 기술자립에 성공했으며, 1% 모자라는 원천기술인 노심설계 코드와 안전성평가 코드는 2012년까지 자립이 가능할 전망이다. 또한 현재 우수한 핵연료에 따른 발전소 가동률 세계 1위로 외국의 벤치마킹 대상이 되고 있다.

우리나라의 원전에는 미국 기술의 가압경수로PWR와 캐나다 기술의 중수로PHWR 두 노형이 있다. 우리는 이 두 가지 원전에 공급되는 핵연료를 모두 국산화해서 전량 공급하고 있다. 특히 수출한 UAE 원전에는 핵연료공장 건설도 수행해주어야 한다. UAE 핵연료공장은 중동뿐 아니라 중동에서 가까운 유럽 진출의 전진기지로 사용할 수도 있을 것이다. 어느 국가든 원전을 건설하기로 결정할 때는 핵연료 공급에 대한 우려를 가장 먼저 하게 되어 있다. 따라서 핵연료의 기술이전은 곧 원전수출의 전제가 될 수 있으므로 이 기술은 정말 중요하다.

앞으로 핵연료의 기술개발은 부족한 원천기술을 확보하는 길이 될 것이다. 이것은 우리 기술진에게 이 기술이 없다는 뜻이 아니라 지적재산권의 소유에 대한 문제다. 즉, 원천기술을 확보한다는 뜻은 외국의 간섭 없이 어느 나라에든 우리 기술을 수출할 수 있다는 의미가 된다. 또한 핵연료의 차세대 기술개발은 연소도를 지금보다 약 20% 높이는 것인데, 이것은 같은 핵연료를 더 태울 수 있도록 여건을 마련하는 것이다. 우리나라 기술진은 연소도가 높은 차세대 핵연료의 개발을 진행하고 있다. 성공할 경우 프랑스와 마찬가지로 세계 최고의 연소도를 지닌 핵연료를 개발하게 되는 것이다.

❖ 중수로 및 경수로 핵연료

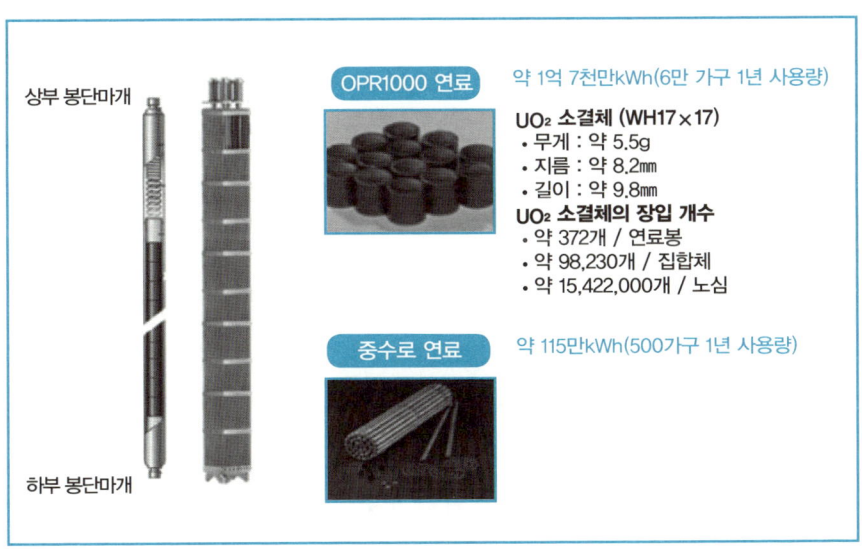

끝으로 앞에서 잠깐 언급했던 우리나라의 원전개발사를 간단히 설명하려고 한다. 우리나라는 1970년대에 최초의 발전소인 고리 1호기를 외국이 책임지고 건설해 우리나라에 인계하는 계약방식, 즉 턴키 계약방식으로 웨스팅하우스와 계약을 체결해 1973년 건설에 착수했다. 고리 2호기 등부터 일부 국산화에 관심을 가지고 추진하기 시작했지만, 핵심적인 부분은 거의 외국에 의존할 수밖에 없었다. 즉, 국내 인프라가 따라오지 못한 시기였다고 할 수 있다. 그러나 고리 3, 4호기부터 컴포넌트 베이스로 국산화가 본격적으로 이루어지는데, 이때는 계약도 아일랜드 기준계약으로 체결되었다.

이 과정을 거쳐 1987년 정부의 강력한 지원을 받아 본격적으로 기술자립이 시작되었는데, 이때는 국내 인프라도 따라주었다고 볼 수 있다. 즉, 국내업체가 주계약자가 되고 외국업체가 국내업체의 하청업체로 참여하는 방식이었다. 또한 기술전수계약에 따라 국내업체가 외국전문사로부터 필요한 교육과 훈련을 받으며 사업을 추진하게 되었다. 이 프로젝트가 바로 영광 3, 4호기였다. 우리는 당초 목표대로 영광 3, 4호기가 완공되던 1995년 95%의 기술자립을 완수했다. 영광 3, 4호기의 완공과 기술자립이라는 두 마리의 토끼를 동시에 잡는 쾌거를 이룩한 것이다.

영광 3, 4호기를 표준모델로 한 울진원전 3, 4호기는 우리 힘으로 설계하고 제조해 건설한 첫 번째 국산원전이 되었다. 물론 영광 3, 4호기에서 받아들이지 못한 설계개선을 상당히 받아들였다. 세계의 최신 원전이 명실 공히 우리 기술진에 의해 건설된 것이다. 이 표준원전의 설계를 바탕으로 정부와 사업자인 한전은 복사개념으로 후속호기 다수기를 안전성과 경제성을 한층 높인 프로젝트로 건설할 수 있었다. 이것이 바탕이 되어 오늘날 최신의 한국 표준원전인 1000MW급의 OPR1000과 1400MW급의 APR1400이 탄생하게 된 것이다. APR1400은 UAE에 수출한 바로 그 원자로 모델이다.

우리나라의 원전기술은 어느 국가보다 최신이라 말할 수 있다. 이는 안전성과 경제성을 갖춘 것은 물론 최단기간에 건설이 가능하다는 뜻이다. 다시 말해 우리나라는 원전 수출에서 안전성은 기본이고 어느 국가와도 경쟁할 수 있는 메이드 인 코리아 브랜드를 보유하고 있다.

세계적 원자력 르네상스 시대 도래
2030년까지 300여 기 신규원전 건설 예상(약 1,000조 원 시장)

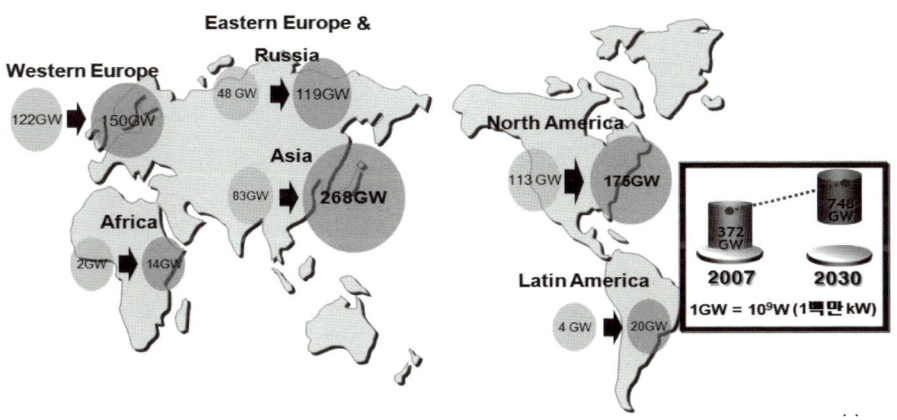

CHAPTER **19**

우주과학과 원자력을 통해 본 현대사회

이헌규

서울대 전기공학과 졸업 / 한국과학기술원 전기전자공학과 석사
한국원자력통제기술원장 / 현) 한국과학기술원 원자력과 교수
현) 원자력안전기술원 정책위원

우주비행사를 만나다

인생을 사는 동안 많은 사람들을 만나게 되는데, 내게도 특별한 경험이 있다. 바로 우주비행사들과의 만남이다. 2년여 전 서울에서 미국의 우주인 유진 서난 아폴로 선장을 만나 강의를 듣고 대화를 나눈 적이 있다. 그리고 국립과학관장으로 있을 때도 일본인 최초의 우주비행사 모리 마모루 박사와 여러 차례 만나 환담하는 기회를 가졌다.

항공공학을 전공한 유진 서난은 아폴로우주선을 타고 두 번이나 달을 여행했다. 그는 달 탐사임무를 수행하다가 태양빛을 받은 지구의 모습을 보고 그 아름다운 모습에 감탄했다고 한다. 우주공간에 마치 멈춰 서 있는 것 같은 푸른색의 지구, 달보다 몇 배나 큰 지구가 어떻게 공중에 떠 있을까? 조물주의 솜씨가 얼마나 신비로운가? 그는 다시는 못 볼 광경을 아쉬

워하며 감동의 눈물을 흘렸다고 했다. 그래서 나는 과학강의를 할 때 달에서 본 지구의 모습을 보여주곤 한다.

모리 마모루 박사는 도쿄의 미래과학관 관장을 맡고 있는 핵공학박사다. 그는 우주선에서 본 지구의 색깔이 오염 때문에 변하고 있다고 주장해 화제가 되기도 했다. 일본 정부는 과학을 꿈꾸는 청소년들의 본보기로 삼아 그를 과학홍보대사로 임명했다. 그는 여러 차례 한국을 방문했으며, 나에게 우주인을 선발할 때 이공계 전공자인가를 고려하는 것이 바람직하다는 제안까지 해주었다. 우리나라 최초의 우주인으로 카이스트 출신의 이소연 박사가 선발되었을 때 나는 그 제안이 옳다고 생각했다.

예나 지금이나 거대하고 광활한 우주는 인간을 꿈꾸게 하고 또 호기심을 갖게 한다. 우주에 대한 이해는 과학의 진보와 궤를 같이한다. 그러나 과학이 아무리 발전해도 우주의 비밀을 캐는 데는 한계가 있다. 스티븐 호킹 박사는 우주가 11차원의 에너지 끈으로 묶여져 있다고 주장한다. 우리는 거리도 알 수 없는 수천억 개의 별들에 둘러싸여 있고, 또 알 수 없는 물질로 가득 찬 공간을 보고 있다. 여기에는 어떤 미지의 법칙이 작용하고 있다. 지금 우리 몸속에 있는 물질들은 원래 먼 우주에서부터 온 것이다.

천재과학자들의 꿈

사실 오늘날의 과학은 몇몇 천재과학자들에게 힘입은 바 크다. 뉴턴은 파도가 왜 출렁이며 천체가 어떤 원리로 움직이는지, 또 시속 1,500km로 자전하는 지구 위에 서 있는 사람들이 왜 우주 바깥으로 튀어나가지 않는지 곰곰이 생각했다. 그는 또 태양이 계속 빛을 내는 이유도 탐구했다. 만일 태양이 석탄으로 만들어졌다면 2천 년이면 다 타서 없어질 것이라고 생각했다. 오늘날 핵융합 반응에 대한 원리로 태양의 비밀이 드러나게 되었지만, 뉴턴 덕분에 우리는 많은 궁금증을 해소할 수 있었다.

특히 만유인력의 법칙이 인류의 진보에 미친 영향은 참으로 지대하다. 우리는 고층건물의 엘리베이터를 비롯해서 모든 움직이는 장치나 기계를 만들 때 이 법칙을 고려해야 한다. 포탄이나 로켓, 인공위성의 궤적을 정확히 계산할 때도 마찬가지다. 그런데 뉴턴도 부자가 되고 싶었던 모양이다. 1936년 뉴턴의 서류가방이 경매에 나왔는데, 가방 안에 있는 서류가 대부분 연금술에 관한 자료였다. 그도 실험실에서 황금을 만들어보려고 시간을 허비한 많은 과학자들 중 한 사람이었던 것이다. 과학이 발달하면서 그것은 이론적으로 불가능하다는 사실이 밝혀졌다.

뉴턴 이후 인류의 역사에 가장 큰 영향을 끼친 과학자는 아인슈타인이다. 그로 인해 자연에 대한 인간의 안목은 상상하기 힘들 정도로 커졌다. 그가 상상한 우주의 모습은 지금까지도 많은 사람들에게 수수께끼로 남아 있다. 아인슈타인은 상대성이론을 통해 시간이 공간의 일부라고 주장했다. 우주는 물질의 질량이나 에너지에 영향을 받고, 물질 내부에는 엄청난 에너지가 있다. 만일 인체를 모두 에너지로 바꿀 수 있다면 수소폭탄 30개에 해당하는 힘을 낼 수 있다. 우리는 다만 그 에너지를 사용하는 방법을 모를 뿐이다. 별들이 수십억 년 동안 불타는 이유가 바로 여기에 있다.

이와 같이 위대한 과학자들의 발견에도 불구하고 자연에 대한 인간의 이해는 아직 지나칠 정도로 빈약한 상태다. 물질의 근원이 과연 무엇인지 아무도 모른다. 물질을 구성하는 가장 작은 입자가 무엇인지, 왜 질량이 생기는지에 대해 지금도 연구가 계속되고 있지만 본질에 접근하지 못하고 있다. 그래서 인류는 지금도 천재과학자가 나타나 이에 대한 답을 제시해주기를 학수고대하고 있다.

전쟁과 원자력 그리고 우주기술과의 만남

인류의 역사는 전쟁의 연속이다. 역사상 가장 강력한 제국이었던 로마는 유럽 전역을 점령하기 위해 무수히 많은 전쟁을 치렀다. 그 당시 융성한 헬레니즘문화를 받아들이면서 그리스의 신들도 같이 수입했다. 그러나 전쟁과 평화를 관장하는 야누스만은 로마의 신이었다. 야누스는 출입문의 수호신으로 전쟁과 평화의 두 얼굴을 지니고 있으며, 전쟁 때는 문을 열어두고 평화로울 때는 닫았다. 로마인들은 이 수호신이 승리를 안겨준다고 믿었다. 이 문은 열려 있을 때가 많았다고 하니 로마가 얼마나 많은 전쟁을 치렀는지 알 만하다. 역사의 시작과 끝이 전쟁과 평화라는 것은 1월을 뜻하는 재뉴어리January의 어원이 야누스Janus라는 것과 일치한다.

제2차 세계대전 당시 독일군은 막강한 군사력과 연구진을 보유하고 있었다. 대포나 로켓기술 등에서 가장 뛰어났고 기계·금속·화학기술 등도 전반적으로 압도적인 수준이었다. 게다가 독일은 원자탄 제조기술을 개발해 세계를 지배할 야심까지 품고 있었다. 만일 독일이 원폭기술을 먼저 개발한다면 세계평화는 물 건너 갈 수밖에 없었다.

그래서 독일의 위협에 대항해 유럽을 탈출한 과학자들이 미국에 모여 악마에게 도끼까지 줄 수는 없다고 함께 뜻을 모았다. 아인슈타인 등 당시의 유명한 과학자들은 자유세계가 먼저 원폭을 개발해야 한다고 루스벨트 미국대통령에게 건의했다. 그리고 4만 5천 명에 달하는 과학기술자들이 힘을 모아 개발을 성공시켰다. 대규모 과학기술자가 동원된 이 맨해튼 프로젝트는 현대과학기술의 분수령이라 일컬어진다.

20세기 인류의 가장 뛰어난 발명품 가운데 하나인 원자폭탄은 단 두 차례만 사용되었다. 제2차 세계대전 때 일본의 히로시마와 나가사키에 투하된 우라늄폭탄과 플루토늄폭탄은 당초 설계된 폭발력의 극히 일부분만 작동했는데도 수십만 명의 인명을 살상했다. 당시 일본령 오키나와섬을 탈환하는 과정에서 미군 2만 5천 명이 희생되었으므로 만일 보병이 일본 본토를 공격하려면 50만 명의 미군이 희생될 것이라는 예측이 나왔다. 그것을 막기 위해 사용된 원자폭탄의 위력은 엄청난 민간인의 죽음을 대가로 일본의 항복을 이끌어냈다.

미국과 소련은 제2차 세계대전에서 패배한 독일로부터 우주기술도 획득했다. 독일 전리품 가운데 로켓기술이 포함되어 있었던 것이다. 실제로 미국과 러시아는 독일 출신의 수많은 과학자와 기술자를 자국으로 끌어들였다. 한편, 중국은 미국의 항공우주국NASA에서 활약하다 귀환한 과학자들을 중심으로 우주과학기술을 발전시키기 시작했다.

종전 후 미국은 핵기술의 전파를 우려해 해외유출을 철저히 막았으나 1949년 소련, 1952년 영국의 핵실험 성공으로 미국의 핵독점 노력은 무산되었다. 그러자 아이젠하워 대통령은 1953년 유엔에서 원자력의 평화적 이용을 위한 국제적 노력을 선언했고, 원자력발전소를 민간기업이 건설할 수 있게 도와주었다. 웨스팅하우스, GE 등이 해외로 진출할 수 있게 길을 열어준 것이다. 이렇게 해서 핵기술이 전 세계에 퍼지기 시작했다.

1957년 소련의 스푸트니크호 위성이 궤도진입에 성공하자 또다시 우주 경쟁에 불이 붙었다. 미국은 소련의 핵무기가 인공위성 궤도를 통해 미국

본토에 떨어질 수 있다고 생각했고, 그로 인해 미국과 소련 간에 냉전이 촉발되었다. 1958년, 미국은 항공우주국을 창설했고, 케네디 대통령은 달 탐사계획을 발표했다. 10년 내에 달에 사람을 보내겠다던 원대한 꿈은 1960년대 말 성취된다. 이러한 우주경쟁은 또다시 핵무기경쟁으로 비화되었고, 전 세계는 제3차 세계대전의 발발과 인류의 대재앙을 우려하게 된다. 결국 미국과 소련은 상호 간에 핵무기 개발의 억제를 목표로 하는 전략무기 제한협정에 서명하게 된다.

이와 같이 원자력 · 우주기술은 전쟁과 연관되면서 시너지효과를 일으켰다. 두 기술은 국가최고통치권자의 추진력과 리더십 덕분에 발전했다. 미국과 중국의 경우 대통령이나 주석이 직접 주도해 우주과학기술을 개발했다. 프랑스는 제2차 세계대전 때 독일에 당한 치욕을 거울삼아 강대국으로 도약하기 위해 원자력 · 우주기술에 적극 도전했다. 이로 인해 드골 대통령은 프랑스의 국민적 영웅이 되기도 했다. 소련도 스탈린 직속의 군최고위급 관료가 우주과학기술의 개발을 추진했다. 이러한 국가지도자들의 정책추진이 결과적으로 기술의 급속한 발전을 이룬 원동력이 되었다. 인도의 경우 로켓발사에 온 열정을 바쳐 대통령까지 된 인물도 있다.

요약하면 원자력은 제2차 세계대전 당시 인류에게 치명적인 위험과 공포를 주는 원자폭탄으로 먼저 모습을 드러냈기 때문에 일반 대중에게는 늘 두려움의 대상이었다. 더욱이 핵무기를 탑재할 수 있는 장거리미사일 기술이 등장하자 핵탄두기술은 군사력을 나타내는 바로미터가 되었고, 우주공간은 미국과 소련 등 강대국의 각축장이 되었다. 이렇게 해서 원자력과 우주는 전쟁과 평화의 두 얼굴을 지닌 전형적 야누스가 된 것이다.

북한의 핵무기와 미사일, 그 위험한 도전

원자력과 우주기술과 관련해 위험한 도박으로 전 세계를 놀라게 하는 나라 가운데 하나가 바로 북한이다. 천안함 침몰과 연평도 지상포 공격 사건으로 휴전 후 60년 만에 한반도의 긴장은 최고조에 달해 있다. 북한이 이렇게 도발을 계속하는 이유는 강대국의 힘에 비길 수 있는 원자력과 우주기술이 있기 때문이다.

전문가들은 북한의 도발은 치밀하게 계획된 것이기 때문에 언제든 한반도에서 국지전 등 전쟁이 일어날 가능성이 있다고 말한다. 지금도 북한은 남한을 불바다로 만들겠다는 위협을 계속하고 있다. 한편에서는 협상을 요구하고 다른 한편에서는 위협을 가해 협상을 계속하면서 고농축우라늄 시설의 증설, 미사일 증강, 제3차 핵실험을 준비하는 것이 북한의 이중적인 전략이다.

북한은 김일성 주석이 사망하기 훨씬 전인 1980년 초부터 플루토늄 생산용 원자로를 자체 설계해서 건설했다. 미국 첩보위성이 이 원자로가 가동 중이라는 것을 발견했을 때 북한은 이미 재처리를 통해 플루토늄을 추출하고 있었다. 북한은 핵무기의 보유로 정권을 유지하고 재래식 무기의 약점을 보완하고 있다. 현재 40kg 정도의 플루토늄_{핵무기 6~8개 제조 분량}을 보유하고 있는데, 아직 핵무기에 대한 정보는 정확히 알 수 없다. 북한은 또한 핵무기의 대량생산을 가능케 하는 우라늄 농축시설도 증설하고 있다.

북한은 1970년대 말 이집트에서 소련제 스커드미사일을 도입한 이래 군사용 미사일의 개발과 사정거리 연장을 계속 시도해왔다. 1990년대 초의 노동미사일은 러시아 기술을 도입한 것으로 사거리가 1,300km 정도다. 1998년에는 광명성 1호라 불리는 소형 인공위성을 발사했다. 대포동 로켓은 액체와 고체연료를 쓰는 3단계 로켓으로 사정거리는 4,000~6,000km로 추정된다. 북한 탄도미사일은 정확도는 선진국에 비해 크게 떨어지지만 스커드, 노동, 대포동 등을 동시다발적으로 시험발사하는 능력을 갖추었다. 다만, 핵무기의 탑재가 가능한 미사일 기술은 아직도 베일에 가려져 있다.

오늘날 우주과학과 원자력기술은 어떤 역할을 하는가? 원자폭탄은 전쟁을 억제하는 역할을 할 것인가, 아니면 오히려 부추기는 역할을 할 것인가? 우리나라의 경우 전력생산 등 평화적인 목적으로만 원자력을 이용해 경제적 부국이 되었다. 로켓이나 인공위성 관련 발사기술도 과학실험 등 대부분이 민수용이다. 따라서 군사적 목적의 북한 핵무기나 미사일에 대항하기 위해서는 한미 방위조약에 따른 미국의 핵우산에 의존할 수밖에 없다. 이러한 핵우산정책을 언제까지 지속할 수 있을 것인가? 미국의 핵우산 의존전략이 한반도뿐 아니라 동북아의 세력균형에는 긍정적인가? 우리나라도 국가방위를 위해 로켓 및 인공위성기술을 자체적으로 확보해야 하지 않을까?

계속 확대되는 우주와 원자력의 평화적 이용

석탄, 석유, 가스 등 화석연료는 오랫동안 인류문명의 발전에 크게 기여해왔다. 그러나 무진장한 연료가 아니기 때문에 대체에너지가 필요하다. 예를 들어 달에는 미래 핵융합의 원료인 헬륨-3이 무진장 매장되어 있어 각국은 다시 달 탐사계획을 추진하고 있다. 우리나라도 2025년경 달 탐사선을 보낼 계획이다. 아울러 화석연료가 지구온난화의 주범으로 인식된 이후 원자력은 더욱 중요한 에너지원이 되고 있다. 인류의 미래에 가장 중요한 문제는 에너지, 식량, 물 등이다. 이런 이유로 국제사회는 평화적 이용을 위한 제2의 원자력 르네상스를 기대하고 있다.

환경주의자들은 원자력은 위험하므로 잘못 사용하면 인류의 종말을 가져올 수 있다고 경계한다. 그러나 이산화탄소 배출에 의한 기후변화의 재앙에서 지구를 구하기 위해 최근에는 환경보호론자들이 원자력 지지자로 바뀌고 있다. 1970년대 그린피스의 공동 창시자인 무어가 대표적인 예다.

핵무기의 위협에 대처하기 위해 인류가 고안한 체제가 핵 비확산조약 NPT이다. 이 제도는 비록 불완전하지만 핵보유국과 비보유국이 동시에 가치를 인정하는 가장 보편적인 국제규범이다. 현재 가입국수가 190개국으로 가장 많은 주권국가들이 동참하고 있다. 국제원자력기구IAEA도 유엔 산하기구로 설립되어 조약이행 여부와 비밀 핵활동을 감시하는 역할을 하고 있다. 국제원자력기구는 위반사항이 발견될 경우 즉시 안전보장이사회에 보고해 제재조치를 강구한다. 원래 노벨상은 개인에게 주어지는 상인데, 국제원자력기구는 세계평화에 기여한 공로를 인정받아 기관으로는 처음으로 노벨상을 받았다.

원자력발전 및 운영에서 세계 6위 국가로 부상한 우리나라는 최근 원전수출로 다시 주목을 받고 있다. 이런 핵활동을 국제사회가 주시하는 것은 당연하다. 우리나라의 원자력산업이나 기술에 비추어볼 때 이제 우리도 국제사회에 기여해야 할 때다. 앞으로 중소형원자로, 고속원자로 등 핵무기로 전용될 가능성이 없는 기술의 개발에 주력할 필요가 있다. 이와 관련해 다각적이고 활발한 외교적 노력을 기울여야 한다.

원자력 르네상스는 우리나라에 새로운 도전과 기회를 제공할 것이다. 과거의 성공이 미래를 보장하는 것은 아니다. 우리의 미래 세대에도 원자력이 잘 뿌리내리고 국가번영에 이바지하도록 원자력의 야누스적 특성을 먼저 국민들에게 잘 이해시켜야 한다. 에너지의 해외의존도가 지나치게 높은 우리나라는 원자력 외에 대형에너지 대안이 없다.

우주를 향한 도전도 계속되어야 한다. 근래에 우리나라 최초의 우주발사체인 나로호 사업이 실패했다는 주장도 있지만 이는 시작일 뿐이다. 우리나라도 우주강국의 반열에 서기 위해서는 먼 길을 가야 한다. 우주과학기술 분야는 선진국으로부터 기술이전을 받을 가능성이 거의 없으므로 비록 실패한다 해도 리스크를 안고 나아가야 한다. 따라서 독자적 기술개발을 위해 국가통치권자의 장기적 안목과 전략적 투자가 필요하다.

국가적 리더십과 과학자의 역할

앞으로도 로켓과 미사일, 핵무기의 개발은 계속되고 전쟁소식도 계속 들려올 것이다. 이러한 무기개발의 책임은 누구에게 있는가? 물론 1차적으로 각국 정부와 국가지도자들에게 있다. 만일 국가지도자가 수많은 과학자 집단을 동원해 전쟁무기를 개발하려 한다면 과학자들이 과연 반대할 수 있을까?

그러나 과학이 선을 위한 도구로 사용되도록 과학자들이 먼저 합심해 노력하자는 국제적인 운동이 있었다. 이러한 노력으로 20세기에 과학자 헌장이 탄생했다. 아인슈타인은 『나의 세계관』에서 알프레드 노벨이 자신의 발명품에 대한 속죄의 뜻으로 노벨상을 만들었다고 밝히고 있다. 근래에는 과학자의 사회적 문제에 대한 관심을 촉구할 뿐 아니라 일반대중과 협력해 사회문제의 해결에 적극 나설 것을 주문하고 있다. 아울러 과학자들의 활동이 정말 긍정적인 영향을 주는지 일반인들이 평가, 감시해야 한다.

선진국이란 끝없는 미지의 영역인 과학기술에 창의적으로 도전하는 과학자가 있는 나라다. 그런 과학자를 배출하려면 국가적 리더십이 가장 중요하다. 그러므로 국가와 사회는 우주와 원자력에 호기심과 흥미를 갖고 도전하는 인재를 키워내야 한다. 국가와 사회가 청소년들이 과학을 재미있게 체험할 수 있도록 도와야 하는 이유가 여기에 있다. 수학과 과학은 결코 쉬운 과목이 아니다. 그러므로 우수한 인재를 확보하는 것이 국가와 사회의 책임인 것이다.

우리는 평화를 사랑해야 한다. 이제 우리도 세계 시민으로서 지식을 교류하고 많은 나라와 서로 힘을 합해 인류 공통의 범지구적 문제를 해결하는 데 나서야 한다. 인류 전체가 하나의 공동체로 나아가고 있기 때문이다. 환경오염과 지구온난화, 생태계보존 문제 등은 결코 한 나라의 과학이 해결할 수 있는 문제가 아니다.

안타까운 점은 오늘날의 사회는 어느 때보다 더 과학기술에 의존하고 있으나 앞으로도 과학기술이 많은 사람들에게 수수께끼로 남을 수밖에 없다는 것이다. 과학 저널을 읽어본 사람이라면 비전문가가 이해하기는 사실상 불가능하다는 것을 금방 알게 될 것이다. 그러므로 과학자의 책임이냐 국가와 사회의 책임이냐를 따지기보다는 공동의 노력을 기울여야 한다. 과학기술이 경제, 사회, 문화와 유기적으로 통합되어 독특한 문화를 형성할 때까지 노력을 멈추지 말아야 한다. 원자력과 우주는 이러한 과학기술의 선두에 서 있다.

CHAPTER 20

인류국가 미래전략 - 과학문화의 대중화

조한희

대전보건대학 문화재과 교수 / 한국자원재활용과학교육학회 회장(사)

충남박물관협회 회장 / 한국박물관경영마케팅학 회장 / 과학기술훈장 혁신장 수상

현재 지구는 세계화, 정보화, 다양화, 획일화가 빠른 속도로 진행되면서 각 문화의 정체성 문제가 중요한 과제로 대두되고 있다. 급변하는 환경에서 국가의 정체성을 확고히 하면서 앞서가는 문화를 창출할 수 있는 능력은 세계질서를 좌우할 경쟁력을 의미한다. 그러므로 21세기는 문화가 그 어느 분야보다 결정적인 역할을 하는 세기가 될 것이다.

문화는 개인생활의 중심이 되고 사회발전의 원동력이므로 우리나라는 제2의 도약을 위해 문화의 선진화를 최우선 과제로 삼아야 한다. 특히 과학문화는 창의적 교육의 기초가 되고, 그 나라의 경제활성화를 좌우하며, 국가존립의 생명체요 정체성이며, 삶의 질을 보장한다. 한 나라의 기간산업의 밑거름이 되는 과학문화의 중요성은 아무리 강조해도 지나치지 않다. 인류국가의 미래를 위해 과학문화 대중화의 필요성을 인식해야 한다.

21세기 과학문화

❶ 과학문화의 역사

1799년 영국 왕립연구소에서 과학의 대중화에 앞장서기 시작해 1826년 왕립연구소 화학교수 마이클 페러데이가 금요일의 저녁 강의, 크리스마스 강연과 같은 대중강연을 통해 과학지식을 전달해 일반 대중의 지적 욕구를 채워주면서 과학문화운동이 시작되었다. 과학문화라는 용어는 1959년 영국의 과학자이자 소설가인 스노C. P. Snow가 과학혁명이라는 주제로 케임브리지 대학에서 한 강연에서 처음으로 사용하기 시작했다.

❷ 우리나라의 과학문화

1930년 – '과학운동' : 과학기술 마인드 확산 목적

1933년 – 『과학조선』 발간

1934년 – 과학지식보급회 결성, 이화학연구소 건립 추진

1967년 – 한국과학문화재단 설립

1968년 – 과학의 날 행사 개최

1973년 – 국립과학관 경진대회, 과학캠프 등 주최

1997년 – 과학기술혁신을 위한 특별법 제정

1999년 – 과학문화연구센터 설립사업 추진

2000년 이후 – 과학관련 국공립·사립재단 등에서 과학문화 활동 전개

　　과학문화산업의 대표인 과학문화축전 등을 비롯한 다양한 문화대중화 전개

2008년 – 한국과학창의재단 : 창의 과학교육으로 창의적 인재육성, 과학문화와

　　예술의 융합으로 과학기술 대중화 및 과학문화 창달 통한 국가발전 기여

③ 과학문화의 변천

　과학의 대중화Science Popularization

　···▶ 대중의 과학 이해Public Understanding of Science

④ 과학문화의 개념

과학문화는 현대 과학기술을 토대로 형성한 문화, 과학과 문화가 융합·
조화된 개념, 과학이 주도하고 과학이 만들어가는 문화, 문화의 하위영역,
과학에 대한 대중의 이해증진을 위해 시작한 대중의 과학적 소양 함양을
위한 교육 등의 개념으로 정리할 수 있다.

인류국가 미래전략, 과학문화의 필요성

① 과학문화의 전개 및 필요성

사회적 이슈가 증가하면서 과학기술의 발전이 이루어지고, 과학을 이해함
으로써 과학문화의 형성과 확산으로 이어진다. 이러한 일련의 과정을 통
해 인류의 삶은 합리적이며 좋은 가치 추구로 질이 점점 향상되고 있다. 앞
으로 인류국가 미래전략에 올바른 지침 역할을 할 필수요소인 과학문화는
과학기술의 발전과 더불어 인류의 복지, 삶과 연결시킬 수 있는 영역으로
확대, 발전시켜야 한다.

② 과학문화 전개 시나리오

기후변화에 따른 지구환경의 악화로 저탄소 녹색기술 개발이 이루어지고,
녹색성장에 대한 공감으로 범국민적 그린스타트운동이 시작됨으로써 환

경과학기술의 선진화를 이루게 되면서 국가경쟁력이 향상되어 세계 리더 국가가 된다.

- ❖ 기후변화에 의한 지구환경의 악화
- ⋯ 자원고갈 위기 – 자원 가채기한(석유 40년, 가스 58년, 구리 28년)
- ⋯ 물 부족 심화 – 25년 이내에 인구 1인당 담수 공급량 1/3 감소
- ⋯ 온실가스 지속 배출 – 기존 경제체제를 유지할 경우 세계 GDP 매년
    5~20% 감소(제2의 대공황 우려)
- ⋯ 사막화 식량위기 – 아시아 경작지 1/3의 사막화(중국 국토의 27%)

기후변화에 따른 지구환경의 변화
1928년 얼음으로 덮였던 아르헨티나 파타고니아 웁살라 빙하지대가 2004년에는 호수로 변했다.
(2004년 2월 9일, 국제환경단체 그린피스 발표)

- ❖ 범국민적 그린스타트운동을 통한 국가경쟁력 향상
    저탄소 녹색사회 구현을 위해 일상생활에서 온실가스 줄이기 등을 실천하는
    범국민 운동이다.

그린스타트운동

- 형광등으로 바꾸면 1년에 **68kg** 감소
- 난방온도 **2도 낮추고, 냉방온도 2도 높이면** 1년에 900kg 감소
- 나무 **한 그루 심으면** 한 그루가 1톤 흡수
- 자동자 **2km** 안 타면 600g 감소 / 휘발유 **4리터** 아끼면 9kg 감소
- 버리는 **쓰레기의 50% 재활용하면** 1톤 감소
- 상품포장을 줄이면, 쓰레기가 10% 감소되며, 650kg 감소
- 무탄소 **환경과학기술** 개발의 빠른 달성

❖ 저탄소 녹색기술의 개발 및 녹색성장에 대한 공감

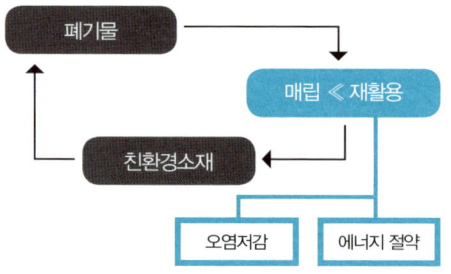

자원순환사회
지속가능한 발전으로 경제 · 생태 · 사회의 번영을 누릴 수 있다.

과학문화 소통의 장, 자연사박물관

일반인들이 가장 쉽게 과학문화를 접할 수 있는 곳이 바로 자연사박물관이다. 자연사박물관은 다양한 전시물과 과학문화 행사 등을 통해 과학을 재미있게 저절로 배우게 하는 문화공간으로서 대중들에게 가장 친근한 방

법으로 과학을 접하게 하는 과학문화 소통의 장이라고 할 수 있다. 과학문화의 대중화에 앞장서는 국내 최대 규모의 자연사박물관인 계룡산자연사박물관이 일반인은 물론 유치원 및 초·중·고 학생들에게 어떤 방법으로 과학문화를 전개하는지 알아보고자 한다.

❶ 전시를 통한 기초과학 교육

계룡산자연사박물관은 1억 4,500만 년 전에 살았던 청운공룡을 비롯한 다양한 전시물을 전시해 우주의 탄생에서부터 현재와 미래를 보여주고 있다. 이를 통해 자연의 이치, 생물의 다양성 등 과학문화에 대한 상상의 날개를 펼쳐 과학문화에 대한 관심을 끌어냄으로써 자연과학자의 꿈을 키워준다.

박물관 1층의 청운공룡과 박물관 2층의 메머드와 동굴사자

❷ 기획특별전을 통한 다양한 과학 분야와의 소통

다양한 주제의 기획특별전을 통해 다양한 과학 분야를 소개하고 정보를 알려줌으로써 과학에 대한 이해를 통한 합리적 사고를 키워주고, 자연의 역사에 대한 이해를 바탕으로 자연자원의 중요성과 자연사랑을 깨닫는 기회를 제공한다.

제주도 해양생물전, 화석으로 풀어보는 지구의 비밀전, 신기한 수학 체험전 등 다양한 기획특별전 개최

❸ 절기節氣에 따른 전통과학문화 행사 개최(우리의 과학슬기문화 자부심 고취)

21세기는 문화의 세기로서 국가의 독특한 전통문화는 문화자본재로 무한한 가치를 가지며 산업경쟁력의 밑거름이 될 수 있다. 다른 나라와 구별되는 우리만의 명절과 절기음식, 놀이문화를 통해 조상의 지혜롭고 슬기로운 과학문화를 전파하여 우리 과학슬기 문화에 대한 자부심과 긍지를 갖도록 하기 위해 절기에 따른 전통과학문화 체험을 매년 실시하고 있다.

❹ 계층별 교육을 통한 직접적인 과학문화의 확산

자연의 소리 경연대회를 비롯한 아름다운 동식물 세밀화전, 청운과학캠프, 땅속 지구의 보물을 찾아서, 돌고 도는 암석여행, 나도 고생물학자 등 각 청소년들의 성장발달 과정에 맞는 자연과학 체험 프로그램을 만들어 호기심과 탐구심, 상상력을 키우게 하는 한편 새롭고 다양한 체험을 위한 프로그램을 꾸준히 개발하고 있다.

화석, 암석, 곤충, 식물 등 다양한 주제의 자연과학 체험 프로그램을 통한 과학문화의 확산

❺ 자연과학문화예술 프로그램의 개발·운영을 통한 과학문화 평생교육의 확대

자연과학문화예술 최고위 과정을 통해 과학문화 평생교육을 실시하고 있다. 최고위 과정은 순수과학과 자연을 이해하고 다양한 문화예술 강의와 활동을 통해 부가가치의 실질적 고찰을 모색하고 전통문화를 재조명함으로써 우리 문화의 우수성을 자각할 수 있도록 구성되어 있다. 아울러 국내외 자연과학·문화예술과 관련된 주요 현장답사를 통해 프로그램의 이해를 한층 더 높이는 기회를 제공한다.

이와 같이 재미있게 체험하며 배울 수 있는 다양한 프로그램과 체험활동 등을 통해 자연과학에 대한 호기심과 탐구심을 불러일으키며, 창의적인 자연과학문화의 확산이 시작되는 곳이기도 하다. 이곳은 대중들에게 가장 친근한 방법으로 과학을 접하게 해주는 과학문화 소통의 장이라고 할 수 있다.

우리는 우리 문화가 얼마나 자랑스러운 문화인지 잘 모르기 때문에 우리 문화에 대한 자부심과 긍지를 크게 느끼지 못하는 듯하다. 특히 자라나는 어린이, 청소년들이 우리 문화에 대한 자부심과 긍지를 느끼지 못한다면 국가의 장래가 밝지 않다는 것은 명백한 사실이며, 국가의 성장동력마저 흔들리게 된다. 21세기 환경과학기술로 국가경쟁력을 높이고 어린이들에게 우리 문화에 대한 긍지를 심어주기 위해 문화의 산실인 자연사박물관이 제 역할을 충실히 함으로써 우리의 창의적인 과학슬기를 이어나가야 한다.

앞으로 인류국가 미래전략의 지침 역할을 하게 될 과학문화는 과학기술의 발전과 더불어 인류의 복지 및 삶과 연결시킬 수 있는 영역으로 확대, 발전시켜야 한다. 현재 우리나라는 과학지식의 축적과 과학문화의 확산을 통한 삶의 질 향상이 요구되고 있으며, 이를 재미있게 저절로 배우게 하는 자연사박물관의 역할이 매우 중요하다. 이에 부응해 계룡산자연사박물관은 다양한 전시와 프로그램, 활동을 통해 과학문화에 대한 관심을 키워가고 있다. 이를 바탕으로 우리나라에서도 노벨과학상을 받는 그날이 속히 오기를 기원해본다.

과학문화는 어렵거나 멀리 있는 것이 아니라 과학기술의 중요성을 사회구성원들이 공유하고 합리적 과학정신과 사회적 가치가 생활 속에 뿌리내려 즐기고 향유할 수 있는 문화입니다.

CHAPTER **21**

왜 과학기술인가?

정진익

연합통신 과학부 기자 / 과학기술처 공보관(이사관)

현) 사단법인 과학기술포럼 사무국장 / 현) 고려대학 과학기술대 겸임교수

왜 많은 사람들이 "과학기술~ 과학기술~" 하면서 그 중요성을 강조할까요? 그 말 속에는 여러 가지 의미가 포함되어 있겠지만, 우리 역사 속에서 그 의미를 되새겨보기로 합시다.

여러분이 국사시간에 배워서 잘 알고 있는 이야기지만, 오랜 옛날 2,000년여 전에 우리 조상들은 한반도 북쪽에 있는 평양에서부터 지금은 중국 영토가 되어버린 만주벌판에 이르는 광활한 지역에 고구려를 건국했고, 한반도의 허리 부분에서 시작해 서쪽에는 백제, 동쪽에는 신라를 건국해 1,000년여 동안이나 태평성대를 누리며 잘 살았습니다.

고구려는 지금의 평양을 수도로 하고 드넓은 만주에서 여진족과 흉노족을 흑룡강 밖으로 몰아내고 만주벌 곳곳에 도성을 쌓아 국토방위에 힘쓰는 한편, 목축업과 농업을 장려해 부국을 이뤘습니다. 지금도 만주지역 곳곳에서 고구려 유적들이 발견되고 있습니다. 백제는 지금의 부여를 서울로 하고 황해를 건너 중국을 넘나들며 왕성한 교역으로 국가의 부를 키우는 한편, 많은 백제인들이 중국 해안지방에 백제마을을 형성해 세력을 넓히기도 했습니다. 또한 신라는 경주에서 발원해 멀리 인도, 아라비아와도 교역을 하면서 수많은 서구문물을 도입해 세 나라 가운데 가장 수준 높은 문화를 향유했고, 그 유물들은 지금까지 잘 보존되어 관광자원이 되고 있습니다.

그 후에 건국된 통일신라는 삼국시대의 3개국 가운데 문화수준이 가장 높았던 신라가 당나라의 도움을 받아 한반도를 통일하고 이룬 나라였습니다. 삼국통일의 밑거름이 된 수준 높은 문화 속에는 서구에서 도입된 많은 과학과 기술이 녹아 있습니다. 그러나 불행히도 당나라 문물에 눌려 드넓은 만주대륙을 잃고 말았습니다.

고구려의 후손으로 알려진 왕건이 건국한 고려는 신라 경순왕의 항복을 받고 한반도를 지배하게 됩니다. 그러나 500년 동안 지속된 고려왕조는 청나라의 문화와 과학기술에 의존해 왕권을 유지했을 뿐 국가로서의 발전은 이루지 못한 것으로 평가되고 있습니다. 최근 국립박물관에서 열린 '고려불화전'을 통해 고려시대의 과학을 잠깐 엿볼 수 있었습니다.

우리 민족문화 속의 과학기술

우리 민족이 지켜온 문화 속에는 우리가 간과하고 있는 숨겨진 과학기술이 많습니다. 여기서 되새겨봐야 할 단어가 '과학'과 '기술'입니다. 함께 토론해볼까요?

먼저, 신라의 문화 속에 녹아 있는 과학과 기술로는 무엇이 있을까요?

이를테면 첨성대와 금관의 신비는 무엇일까요? 또 포석정의 비밀은 무엇이고, 석굴암에는 어떤 과학이 숨겨져 있나요?

다음으로, 만주에서 발견된 고구려 유적 속에는 어떤 과학과 기술이 숨어 있을까요? 평양 부근과 만주의 왕릉에서 발굴된 유물들을 직접 보지는 못하지만, 대표적 고분벽화에 감추어져 있는 과학기술은 무엇일까요?

그런가 하면 고려시대의 민족문화 속에도 많은 과학기술이 숨어 있습니다. 이를테면 고려청자에 감추어져 있는 과학은 무엇일까요?

우리 역사 속의 4대 과학기술 정책

조선시대부터 근대에 이르기까지 우리 역사 속에는 오늘의 대한민국을 이룩한 원동력, 즉 세계 10대 경제대국으로 발전한 국력배양의 기저가 된 커다란 과학기술정책 4가지가 있었습니다. 그것은 첫째, 세종대왕의 훈민정음의 창제와 반포, 둘째, 고종황제의 개항과 서양문물의 도입, 셋째, 이승만 대통령의 원자력 정책과 미네소타 프로젝트, 넷째, 박정희 대통령의 과학기술진흥 5개년 계획입니다.

❶ 훈민정음의 창제와 반포

세종대왕은 글이 없어서 자기의 뜻을 펴지 못한 채 수천 년을 살아온 백성들이 널리 활용하도록 훈민정음을 창제해 반포했습니다. 이것은 특히 중국의 어려운 한자를 몰라 천덕꾸러기처럼 살아야만 했던 조선의 상민과 아녀자들에게는 하늘에서 내려주신 광명과도 같았습니다. 그들에게는 벙어리가 말문 터진 듯하고, 장님이 눈을 뜬 듯했을 것입니다.

오늘날 정부 또는 통치권자^{대통령}가 국민과 국가의 발전을 위해 어떤 제도를 만들거나 사업을 하거나 행정을 펴나가는 것을 가리켜 정책이라고 합니다. 조선의 4대 임금인 세종대왕은 왕위에 오르자 할아버지가 세우신 나라 조선의 국가체제를 구축하고 부흥을 꾀하는 정책을 펼쳤습니다. 왕궁 안에 집현전이라는 학문연구소를 두고 많은 학자들을 모아 정책을 구상하게 했고, 거기에서 나온 많은 정책을 실시했습니다.

세종대왕은 영농법을 정리한 『농사직설』을 농민들에게 배포해 농사를 잘 지을 수 있게 했고, 천민인 장영실을 관직에 등용해 하늘을 관측하는 천문기구를 만들게 하고 조선의 천문을 집대성함으로써 중국 문화에서 탈피해 우리만의 천문학을 정립했습니다. 또 문무를 겸비한 김종서를 중용하여 압록강과 두만강 남쪽의 여진족을 토벌하고 강변에 6개 도성을 구축해 영토를 확장하는 한편, 대마도를 정벌해 왜구의 노략질을 근절시키는 등 좋은 정책들을 펴나갔습니다.

집현전 학사들과 수년 동안 연구한 끝에 창제한 훈민정음은 1443년에 반포되었습니다. 훈민정음의 창제배경과 활용법을 적은 '훈민정음 언해본'은 정인지, 신숙주, 박팽년, 하위지, 이개 등 집현전 학사들의 이름으로 반포되었는데, 말미에 "훈민정음은 세종 임금께서 손수 만들어내신 것"임을 강조하고 있습니다. 세종대왕은 1446년 "국서^{國書}에 훈민정음을 병기^{併記}하라"는 칙령을 공포하고 백성들이 널리 활용할 것을 촉구했습니다.

훈민정음 반포문에는 이렇게 쓰여 있습니다.

國之語音 異乎中國 與文字 不相流通

故 愚民 有所欲言 而終不得伸 其情者 多矣

予 爲此憫然 新制二十八字 欲使人人 易習 便於日用耳

이 글을 훈민정음으로 풀어 쓰면 다음과 같습니다.

우리나라 말이 중국말과 달라 한자와 서로 잘 통하지 않는다. 그러므로 어리석은 백성이 말을 글자로 쓰려 해도 마침내 제 뜻을 실어 펴지 못하는 이가 많다. 내가 이를 불쌍히 여겨 새로 스물여덟 자를 만드니, 사람마다 쉽게 익혀 늘 편히 쓰게 하고자 한다.

언해본의 해례에 적혀 있는 발음부분 중 일부를 설명하면 다음과 같습니다.

ㄱ. 牙音. 如君字初發聲

ㄱ은 어금닛소리니, 君(군)자 첫소리와 같다.

並書. 如虯字初發聲

나란히 씀은, 虯(뀨)자 첫소리와 같다.

ㅋ. 牙音. 如快字初發聲

ㅋ은 어금닛소리니, 快(쾡)자 첫소리와 같다.

ㅇ. 牙音. 如業字初發聲

ㅇ은 어금닛소리니, 業(업)자 첫소리와 같다.

ㄷ. 舌音. 如斗字初發聲

ㄷ은 혓소리니, 斗(듛)자 첫소리와 같다.

並書. 如覃字初發聲

나란히 씀은, 覃(땀)자 첫소리와 같다.

ㅌ. 舌音. 如呑字初發聲

ㅌ은 혓소리니, 呑(튼)자 첫소리와 같다.

ㄴ. 舌音. 如那字初發聲

ㄴ은 혓소리니, 那(낭)자 첫소리와 같다.

ㅂ. 脣音. 如彆字初發聲

ㅂ은 입술소리니, 彆(볋)자 첫소리와 같다.

並書. 如步字初發聲

나란히 씀은, 步(뽕)자 첫소리와 같다.

ㅍ. 脣音. 如漂字初發聲

ㅍ은 입술소리니, 漂(푱)자 첫소리와 같다.

ㅁ. 脣音. 如彌字初發聲

ㅁ은 입술소리니, 彌(밍)자 첫소리와 같다.

ㅈ. 齒音. 如卽字初發聲

ㅈ은 잇소리니, 卽(즉)자 첫소리와 같다.

이처럼 훈민정음은 과학적인 소리글입니다.

훈민정음 언해본 해례 가운데 창제부분을 보면 다음과 같습니다.

正音二十八字 各象其形而制之. 初聲凡十七字.

정음 28자는 각각 그 꼴을 본떠 만들었다. 초성은 모두 17자이다.

牙音ㄱ 象舌根閉喉之形.

어금닛소리 ㄱ은 혀뿌리가 목구멍을 닫는 꼴을 본떴고,

舌音ㄴ 象舌附上┌腭之形.

헛소리 ㄴ은 혀가 윗잇몸에 붙는 꼴을 본떴고,

脣音ㅁ 象口形.

입술소리 ㅁ은 입의 모양을 본떴고,

齒音ㅅ 象齒形.

잇소리 ㅅ은 이의 모양을 본떴고,

喉音ㅇ 象喉形.

목구멍소리 ㅇ은 목구멍의 모양을 본떴다.

이와 같이 훈민정음은 과학적이고 창조적인 문자입니다.

이렇게 훌륭한 문자가 왜 400년여 동안이나 널리 사용되지 않았을까요? 이 문제에 대해 토론해봅시다.

그 당시 조선의 양반들은 일상생활에서 위 문장에 있는 한문으로 쓰인 글과 같은 문자로 의사소통을 했습니다. 한문은 중국 것인 데다가 글자 자체에 어떤 의미가 담겨 있기 때문에 문장을 만들려면 엄청난 공부와 노력이 필요했습니다. 그래서 양반이 아닌 상민들이 문자로 의사소통을 하는 것은 불가능했습니다. 아울러 중국 글자를 일상적으로 사용할 수 있는 양반들은 그것을 학문의 깊이나 권위를 나타내는 상징으로 여겼습니다. 조선 조정에서도 당시 출세의 문턱인 과거시험을 한문으로 치르게 했고, 그것을 출세의 지표로 삼았습니다.

❷ 고종황제의 개항과 서양문물의 도입

조선왕조의 26대 임금인 고종황제는 쇄국정치를 타파하는 한편, 국호를

'조선'에서 '대한제국'으로 변경하고 항구를 열어 서양문물을 받아들이려고 노력했습니다. 서양문물의 도입으로 근대국가 건설을 위한 정책을 전개하기로 하고, 1876년 부산·인천·원산항에 외국선박의 입항을 허용했습니다.

한편으로는 청나라1879와 일본1881, 미국1882에 사절단을 파견해 근대과학을 도입했습니다. 이는 미국·일본·독일의 근대 과학지식이 우리나라에 유입되는 시초가 되었고, 선각자들이 해외로 유학을 떠나는 계기가 되었다는 점에서 역사적으로 의미가 있습니다.

그러나 국운은 이미 기울어 있었습니다. 청나라와의 전쟁에서 승리한 일본은 소총으로 무장한 군대를 한성부에 주둔시키는 한편 조선군대를 해산시켰습니다. 1910년 조선은 결국 일본에 합병되었고, 조선왕조의 마지막 왕자는 일본에 볼모로 끌려갔습니다. 그리고 일본은 제2차 세계대전을 일으켰습니다.

그러나 일본군은 결국 연합군 앞에 무조건 항복을 했습니다. 과학기술의 괴력 앞에 굴복한 것입니다. 이에 따라 우리 민족은 광복을 맞았습니다.

여기에서 다음 문제에 대해 토론해봅시다.

- 원자폭탄이 지니는 의미는 무엇인가?
- 과학기술이 국토방위에 필요한 이유는 무엇인가?

❸ 이승만 대통령의 원자력 정책과 미네소타 프로젝트

광복 이후 3년 동안의 미군정을 거쳐 1948년 대한민국 정부가 수립되었고, 이승만 초대 대통령이 취임했습니다. 그리고 국가의 틀을 잡아가고 있을 때 북한의 김일성 군대가 남침을 해왔습니다. 6·25전쟁이 발발한 것입니다.

6·25는 북한의 김일성이 소련_{현재의 러시아}의 사주를 받아 남한을 점령하려는 야욕에서 시작되었고, 중공_{현재의 중국}의 개입으로 전쟁이 확대되었으며, 300만 명 이상의 남북한 국민과 미국 등 참전 16개국의 군인들이 희생된 세기의 비극입니다. 1953년 휴전으로 전쟁은 중지되었지만 우리나라는 폐허가 되었습니다. 국민들은 유엔과 미국에서 보내주는 원조물자로 간신히 생계를 이어갔습니다.

이승만 대통령은 현대국가 건설을 목표로 하는 과학기술정책을 전개했습니다. 문교부에 원자력과를 설치하고1956, 미국과 원자력의 비군사적 이용에 관한 협력협정을 체결했으며1956, 원자력의 국내 도입을 정부의 최상위 정책으로 내세웠습니다. 아울러 원자력기술을 확보하기 위해 미국과 '미네소타 프로젝트'라 불리는 과학기술협력을 맺고 과학기술자 200여 명을 미국에 파견해 교육을 받게 했습니다1956~1963. 그때 미국에 다녀온 과학기술자들은 서울대학교 등 각 대학의 교수가 되어 이학과 공대 교육을 시작했으며, 일부는 민간기업에서 산업기술을 육성하는 기둥이 되었습니다.

이 대통령은 원자력법 제정1958, 원자력원 개원1959, 연구용 원자로 도입1961을 통해 당시 최첨단 기술이었던 원자력발전소의 건설기반을 구축했습니다.

이러한 정책들은 경제발전의 원동력인 에너지의 자립기반을 구축했고, 수많은 과학기술자들이 해외유학을 통해 현대적 과학기술을 국내로 유입하는 계기를 마련했다는 점에서 역사적 의미를 지닙니다.

우리나라는 실험용 원자로를 도입한 지 20여 년 만에 전력에너지의 자립을 이루게 되었고, 50년여 만인 지금은 해외에 원자력발전소를 수출하는 나라가 되었습니다.

여기에서 다음 문제에 대해 토론해봅시다.

- 원자력이 지니는 의미는 무엇인가?
- 우리나라의 에너지 문제는 어떻게 해결되었는가?

❹ 박정희 대통령의 과학기술진흥 5개년 계획

5 · 16 군사 쿠데타가 일어나 박정희 대통령이 취임했습니다. 이승만 대통령은 10년의 집권기간 동안 국가의 기틀을 잡는 데 심혈을 기울였으나 정치적 기반인 자유당이 부패해 4 · 19혁명을 유발함으로써 결국 대통령직에서 물러났습니다. 그 후 민주당 정권이 집권했지만 부패정치는 계속되었습니다. 그때 육군 소장이었던 박정희 장군이 군사 쿠데타를 일으켜 정권을 잡았고, 민주정의당을 창당해 정치적 기반을 마련했습니다.

집권에 성공한 박정희 대통령은 '국가재건'이라는 슬로건을 내걸고 제1차 경제개발 5개년 계획을 수립해 경제발전에 심혈을 기울였습니다. 박정희 대통령은 '경제발전을 위해서는 과학기술이 뒷받침되어야 한다'는 선진국의 국가경영전략을 도입해 제1차 과학기술진흥 5개년 계획1962~1966을 수립해 제1차 경제개발 5개년 계획과 병행해 추진하도록 했습니다.

이후 '조국의 근대화'를 목표로 한 과학기술정책이 전개되었습니다. 박대통령은 한 · 미 공동선언에 과학기술협력을 포함시켰고1965, 과학기술진흥법의 제정1967과 과학기술처 설치1967, 한국과학기술연구소KIST 설립1969, 고리원자력발전소 건설1968~1978, 중화학공업 육성정책 추진1967, 과학기술드라이브 정책 추진1972~ 등을 통해 오늘날 과학기술의 선진화와 세계 10

대 경제대국으로 부흥하는 원동력을 배양해냈습니다.

1960년대 당시 우리나라는 몹시 가난하고 초라했습니다. 국력의 지표인 국민총생산이 100달러에도 못 미쳐 필리핀보다도 못사는 나라였습니다. 박 대통령은 일본과의 국교정상화로 대일청구권 자금을 받아냈고, 월남전쟁에 국군을 파병하고 서독에 광부와 간호사를 파견해 이를 담보로 미국과 서독에서 경제협력차관을 도입했습니다. 이 자금은 경부고속도로를 건설하고 중화학공업을 일으키는 자금으로 활용되었습니다.

국민들은 '새마을운동'을 전개해 농어촌 생활을 개선했고 영농자립을 꾀했습니다. 이후 1980년대와 90년대, 그리고 2000년대를 거치면서 우리의 과학기술은 경제발전의 원동력이 되었고, 국가발전의 커다란 축으로 자리 잡았습니다.

여기에서 다음 문제에 대해 토론해봅시다.

- 왜 과학기술인가?
- 고등학교에서 문과를 선택할 것인가, 이과를 선택할 것인가?

CHAPTER 22

과학기술, 당신은 두 얼굴인가

곽종철

대전엑스포조직위원회 / 과학기술부 및 기상청 국장 / 한국과학재단 상임전문위원

한국기술교육대학교 교수 / 대구경북과학기술원 선임연구부장

현) 사단법인 과우회 이사

오늘날 우리가 살아가는 데 과학기술은 없어서는 안 될 존재가 되어 있다. 컴퓨터가 없다면, 자동차가 없다면, 전기가 없다면, 비행기가 없다면, TV와 휴대폰이 없다면……. 아마 현대를 살아가는 우리는 이런 생활을 상상하기도 싫을 것이다.

우리가 언제나 숨을 쉬면서도 공기의 고마움을 잊고 살아가는 것같이 우리의 생활을 윤택하게 하고 편리하게 하는 과학기술의 실체를 모르고 살아가고 있는 것은 아닌지, 과학기술은 우리에게 좋은 점과 나쁜 점을 가져다주는 존재인지, 그리고 과학기술에 대한 우리의 태도는 어떠해야 하는지 등을 좀 더 체계적으로 이해할 필요가 있다. 그것은 과학기술의 발전을 더 올바르게 촉진시킬 수 있는 매우 중요한 일이라고 생각한다.

과학기술은 현대사회의 필수

현대사회에서 과학기술은 경제를 살리고 국가의 안전보장을 튼튼히 하는 큰 힘을 지니고 있다. 그러면 과학은 무엇이며 기술은 무엇인지, 과학과 기술이 밀착되어 있다는 것은 무슨 뜻인지 알아보자.

과학은 자연현상에서 보편적 법칙을 찾아 체계적 지식으로 다듬는 것이라 할 수 있고, 기술은 과학을 응용해 인간에게 필요한 것을 만들어내고 성취하는 행위라고 볼 수 있다. 또 요즘은 과학과 기술이 밀착, 융합해 과학→기술→실용화단계를 거치지 않고 우리에게 성과를 가져다주는 현상이 다반사로 일어나므로 현대를 과학·기술의 융합화 시대라고 한다.

왜 과학기술을 개발해야 하는가.

이 질문은 인간의 근본적 문제에 해당하므로 다소 어렵지만, 인간은 언제나 잘 먹고 풍요롭고 편리하게 살며, 많은 것을 가지려는 소유욕을 가지고 있다. 그리고 인간에게는 다른 동물들과는 달리 우수한 두뇌가 있다.

이러한 인간의 욕구를 해결하는 데 많은 과학기술이 필요하게 되었고, 우수한 두뇌를 사용해 도구를 사용하고 기계를 만들고 더 좋게 계량하기 위해서는 더 많은 과학기술을 개발해야 했다. 오늘날에는 과학기술이 일자리도 만들고 새로운 산업도 창출하고 우주개발은 물론 국방, 정치, 경제, 사회, 문화 등 모든 분야에서 중요한 역할을 하므로 선진국들은 앞다퉈 과학기술의 개발에 힘쓰고 있다.

또한 과학기술은 우리 생활 깊숙이 들어와 사고방식에도 큰 변화를 가져온다. 인터넷이 생활화되면서 종이 편지가 급속도로 줄어들고, 휴대폰이 생활화되면서 언제 어디서나 통신이 가능한 편리함을 추구하며, 교통·운송기술의 발달은 전 세계를 하나의 생활권으로 만들고, 인공위성의 개발로 지구촌 정보를 쉽게 접하게 되는 등 인간들은 기존의 틀을 벗어나 새로운 사고방식과 생활방식으로 새 문화를 만들어나가고 있다. 이제 과학기술은 인간생활과 떼려야 뗄 수 없는 존재가 되었다.

과학기술의 순기능

오늘날의 사회는 '첨단과학기술사회'라고 부를 만큼 과학기술이 우리의 경제, 문화, 생활수준 등을 특정짓고 있다. 우리가 잘사는 길, 나라를 지키는 길도 과학기술에서 찾을 수밖에 없는 상황이 되었다.

인류의 역사를 보면 새로운 과학기술의 개발 또는 발전이 인간의 생활과 사회의 성격에 근본적 변화를 일으키는 일이 자주 벌어져왔다. 예를 들면 불의 사용, 농업의 시작, 바퀴의 사용, 화약의 발명, 인쇄술의 발명, TV와 인터넷의 보급 등이다.

인간은 불을 사용할 수 있게 되면서 생활조건이 좋아지고 추운 곳에서도 살 수 있게 되었다. 또한 음식을 조리해 먹고, 세균에 의해 전염되는 병을 예방하고, 외적의 침입을 막고, 통신수단으로 사용하는 등 불은 인류의 생활에 큰 영향을 미쳤고, 이로 인해 사회의 성격이 근본적으로 바뀌었다.

오늘날 우리가 많이 사용하는 컴퓨터나 TV를 생각해보자. 컴퓨터를 이용해 인터넷을 하고, 인터넷을 통해 정보를 얻고, 이메일을 주고받고, 그림과

동영상을 올리고, 또 이동 중에 서로 대화를 나눈다. 이처럼 과학기술의 영향과 그것이 빚어낸 사회변화는 우리가 여러 차례 겪어온 것이라고 할 수 있다. 원자력발전기술은 지구온난화의 주범인 이산화탄소를 거의 발생시키지 않으면서도 우리에게 전기를 제공해준다. 우주와 남극의 개발은 미래의 자원개발인 동시에 우리에게 꿈과 희망을 준다. 자동차·기차·항공기의 개발은 우리에게 교통과 운송의 혜택을 제공하고 인류의 생활권을 지구촌으로 확대한다. 이러한 예들은 많지만 지면 관계로 생략하고, 좀 더 종합적이면서 일반적으로 미치는 영향을 생각해보자.

우선 개인의 입장에서 보면 생활이 윤택해지고 문화생활을 누릴 수 있다. 둘째, 기업의 입장에서 보면 기업은 과학기술의 발전으로 소비자에게 다양하고 좋은 품질의 상품을 저렴하게 공급할 수 있다. 셋째, 산업적 측면에서는 신기술의 개발로 새로운 기업을 창출하고 일자리를 만들어 고용을 증대할 수 있다. 넷째, 국민경제의 측면에서 보면 과학기술은 국민소득을 높이고 경제성장과 발전에 기여한다. 다섯째, 나라를 지키고 세계무대에서 위상을 높일 수 있게 한다.

이와 같이 과학기술의 발전은 인간생활, 기업과 국가의 모든 영역에 긍정적인 영향을 넓게 미치고 있으며, 그것이 가져온 변화가 사회 전체에 광범위하게 걸쳐 있다. 그러므로 세계 각국은 과학기술의 개발에 온 힘을 기울이고 있으며, 이 경쟁에서 뒤떨어지면 세계무대에서 낙오하게 된다.

물론 과학기술의 개발이 우리에게 늘 장점만 보여주는 것은 아니라는 사실도 알아야 한다.

과학기술의 역기능

과학기술이 인간의 생활에 미치는 영향에 대해서는 인간생활에서 과학기술의 사용에 따른 순기능도 있고, 그와 함께 나타나는 역기능도 있다는 것을 생각해볼 수 있다. 사실 대부분의 사람들은 과학기술의 순기능만 생각하고 다른 한편에서 이야기하는 역기능 문제에는 별로 관심을 기울이지 않았다. 현대에 들어 지구온난화, 환경오염 등 여러 가지 이유에서 과학기술의 역기능이 차츰 더 인식되자 사람들은 과학기술을 순기능과 역기능을 동시에 가진 존재로 인식하게 되었다. 이것을 우리는 과학기술의 양면성이라고 한다. 이러한 양면성의 인식이 오늘날의 첨단과학기술에서는 더욱 뚜렷한 특성으로 나타나고 있는 것이 사실이다.

물론 사람에 따라 과학기술이 지닌 양면성 가운데 어느 한쪽만 주목하는 경향이 있다. 과학기술이 인간생활에 가져온 많은 순기능을 생각해 그로 인한 부작용, 폐단, 문제점 들은 어느 정도 감수해야 된다는 주장들이 많다. 반면 과학기술의 역기능만을 강조해 과학기술의 발전을 통제 또는 최소화해야 한다고 주장하는 사람도 있다. 이런 편향적 태도는 과학기술에 대한 이해의 정도, 경제적·사회적 위치, 정치적 성향, 문화적 인식 등에 따라 여러 형태로 나타날 수 있다. 어느 쪽의 주장이든 과학기술과 인간의 관계에 대한 이해부족이나 오해의 소산이라는 점에서 바람직하지 않다. 물론 과학기술의 양면성이 과학기술 자체의 속성인지 사용자인 인간의 잘못된 사용으로 발생하는지에 대해서는 더 많이 검토할 필요가 있으며, 쉽게 속단을 내릴 문제는 아니라고 생각한다.

과학기술의 역기능은 앞에서도 언급한 바와 같이 보는 관점에 따라 다른 시각을 가질 수 있고 광범위한 영역에 걸쳐 다양하게 나타나고 있다.

첫째, 과학기술의 발전이 모든 문제를 해결해줄 수 있다고 믿는다는 점이다. 이를테면 과학기술의 발달은 태풍, 지진, 천둥 등을 자연계의 한 현상으로 규명하고 심지어 생명의 탄생, 성의 결정, 유전자 변형 등도 해결할 수 있다는 과학기술 만능주의에 빠지게 만들었다. 물론 과학기술의 발전이 많은 분야에서 해결책을 제시하는 것은 사실이지만, 생명경시 풍조와 생태계 파괴 등 새로운 문제점을 야기해 사회혼란을 가중시키고 있는 것도 사실이다.

둘째, 과학기술은 부존자원을 감소시키고 그 이용의 효율성을 극대화하는 산업사회를 촉진해 정신적 가치보다는 물질적 부를 최고의 목표로 삼는 그릇된 가치관을 확산시켰으며, 이로 인한 사회적 혼란도 크다고 할 수 있다.

셋째, 과학기술은 자연환경의 파괴를 촉진한다. 식량증산을 위한 산림벌채, 댐건설과 수로설치, 지하 및 해저 개발, 주거환경을 위한 주택, 도로 및 도시 건설 등을 생각해보라. 거기에는 과학기술이 개발한 각종 장비가 사

용되고, 이로 인해 자연훼손이 엄청난 규모로 확대, 촉진된다는 사실은 가볍게 여길 일이 아니다.

넷째, 과학기술의 발전은 환경오염을 촉진시킨다. 환경오염을 유발하는 물질로는 핵폐기물, 폐기비닐과 플라스틱 제품, 각종 중금속과 농약, 공업폐수, 농자재 폐기물 등을 비롯한 각종 생활폐수 등을 들 수 있다. 또 눈에 보이지 않는 프레온가스, 이산화탄소, 아황산가스, 질소산화물, 메탄가스 등은 지구온난화를 일으키는 주요 환경오염물질이다. 이처럼 과학기술이 직간접으로 만들어낸 물질과 이로 인한 부산물로 대기오염, 수질오염, 토양오염 및 해양오염이 이루어지고 지구온난화와 오존층 파괴 등이 일어나 지구는 몸살을 앓고 있다. 따라서 환경오염이야말로 과학기술의 발전이 가져온 역기능의 대표적 예라고 할 수 있다.

다섯째, 과학기술의 발전은 생태계의 균형을 파괴하는 원인이 되기도 한다. 생태계를 구성하는 생물은 다른 것과 서로 연관되어 있으며, 균형과 질서에 의해 생태계가 유지된다. 인간도 이러한 생태계의 질서와 조화 속에서 생존이 가능한데도 환경오염, 생태계 파괴는 심각한 수준으로 자연적 복원이 어려운 상태에 이르렀으며, 이미 지구상의 수많은 생물종들이 급속히 멸종되고 있다는 것은 잘 알려진 사실이다.

여섯째, 과학기술의 발전은 자연환경에 대한 인간의 적응능력을 약화시킨다. 오늘날 과학기술의 수준은 생명의 실체를 어느 정도 파악하고 있으며, 이를 바탕으로 한 생명의 인위적 조절 등이 생태계의 균형과 질서유지를 저해하고 있다. 모든 생명체에는 최적자가 살아남을 수 있는 적자생존의 원칙이 적용되며, 최적자가 되기 위해 끊임없이 진화를 거듭한다. 그런데 생리학, 의학 및 약학 등과 같은 생명과학의 발달은 부적자의 생존도 가능하게 하고, 이는 환경에 대한 적응력의 상실로 나타난다.

일곱째, 생물공학이나 유전공학의 발달은 인체구조를 과감히 변화시키고 있다. 이를테면 신장이식이나 간장이식, 심장이식 등에 관한 기술은 인간 상호 간의 이식범위를 넘어 동물의 장기를 인간에게 이식하고 있으며, 금속이나 플라스틱으로 만든 장기를 인체에 부착하는 것도 그리 어려운 일은 아니다. 또한 유전자를 복제하는 방법 등으로 동일한 유전적 특성을 지닌 수많은 복제동물의 생산이 가능해졌다. 인간도 동물과 마찬가지로 치료를 목적으로 여러 가지 시도를 하고 있으므로 인간의 본질과 존엄성을 해친다고 주장하는 사람들도 많다.

여덟째, 인간은 과학기술이 이룩한 업적에 도취한 나머지 환경오염, 생태계 파괴, 자연훼손 등 과학기술의 발전이 인류사회에 끼치는 위험성을 바로 보지 못하고, 순기능에만 사로잡혀 문제의 심각성을 묻어버리려 하는 사고방식이 더 큰 문제라고 할 수 있다.

전쟁과 과학기술의 연관성

전쟁은 피해야 한다. 그러나 인류 역사상 크고 작은 전쟁은 끊임없이 일어났고 앞으로도 그럴 것이다. 우리나라도 예외가 될 수 없다. 여기에서 인류에게 커다란 위험존재인 전쟁을 과학기술의 발전과 연관해 살펴보는 것도 흥미로운 일이 될 것이다.

과학기술은 인간의 삶을 풍요롭게 하고 복지증진을 위해 큰 기여를 하지만 뛰어난 성능의 대량살상무기를 개발하는 등 또 다른 면도 있다. 물론 과학기술이 전쟁에 악용된 것인지 과학기술이 전쟁을 일으키는 핵심요인

인지는 더 연구해야 할 사항이지만, 분명한 것은 과학기술이 전쟁에 이용되었다는 점이다. 그리고 전쟁이 과학기술의 발전에 촉매제 역할을 했다는 것이다.

역사상으로도 과학기술자들이 전쟁에 관여하는 일은 이미 오래전부터 있었다. 지렛대와 부력의 원리를 발견한 것으로 유명한 아르키메데스는 투석기를 발명하고 성벽을 쌓는 군사기술자로도 활약했다. 독일의 화학자 프리츠 하버는 공중 질소를 고정하는 방법을 창안해 인류를 기아에서 해방시키는 데 기여했지만, 제1차 세계대전 중에는 조국을 위해 독가스를 개발해 수많은 목숨을 앗아갔다.

제2차 세계대전은 당시로서는 첨단기술의 각축장이 되었고, 레이더 개발로 시작해 원자탄 개발로 끝났다고 할 만큼 과학기술의 역할이 컸던 전쟁이라 할 수 있다. 특히 미국의 각 대학은 기초학문 연구는 잠시 접어두고 국방연구에 전념했다. 칼텍은 고체연료 로켓을 개발했으며, 매사추세츠 공대MIT에서는 수천 명의 과학기술자들이 모여 전쟁의 승패를 좌우하는 데 큰 역할을 한 레이더 장비를 개발했다. 시카고 대학에서도 다수의 망명자가 포함된 많은 과학기술자들이 연구에 참여해 플루토늄을 이용한 원자폭탄을 만드는 데 핵심적 역할을 했다. 또한 로버트 오펜하이머의 책임 아래 수천 명의 과학기술자가 모여 원자폭탄의 기폭장치를 개발했다.

전쟁은 이처럼 과학자들을 집단적으로 일하는 데 익숙하게 만들었고, 대학은 교육을 담당하는 동시에 연구주체가 되어 연구규모와 조직을 근본적으로 변화시켰다.

제1차 세계대전	제2차 세계대전	걸프전과 이라크전
• 기관총 • 독가스 • 탱크 • U-보트 • 비행기 등	• 미사일 • 컴퓨터 　(미사일 궤도 추적용) • 핵폭탄 • 의학발전의 촉매 등	• 순항미사일 • 전자폭탄 • 흑연폭탄 • 지하벙커 및 동굴 파괴폭탄 • 장거리 공대지미사일 등

그리고 우리나라의 6·25전쟁도 미국의 수소폭탄 개발의 향방에 결정적인 역할을 했다. 1950년 1월 트루먼 대통령이 수소폭탄 개발을 결정했을 때 미국 과학자들 가운데는 이에 반대하는 이들도 많았다. 그러나 곧이어 한국에서 전쟁이 터지자 분위기는 수소폭탄 개발 쪽으로 기울어지게 되었다.

6·25전쟁은 냉전시대에 국방연구를 중시하게 만들었다. 전후에 나타난 군비경쟁은 미국 유수의 대학과 산업체가 긴밀한 협조체제를 구축하는 계기가 되었다. 즉, MIT에서는 방공망체계 구축 프로젝트를 수행했고, 스탠퍼드 대학 등 실리콘 밸리는 우주와 미사일 개발에 깊이 참여했으며, 핵잠수함 등 핵개발이 군·산·학 공동연구로 추진되었다. 우리나라에서도 6·25전쟁을 계기로 국방 과학기술 연구가 활발히 진행되었으며, 국방부 과학연구소, 해군 기술연구소, 육군 과학기술연구소 등 국방관련 연구소들이 우리나라의 과학연구기관으로서 역할을 했다.

과학기술은 우리의 삶을 풍요롭게 하는 반면 환경오염 등 고통을 가져온다는 양면성을 생각해야 하며, 전쟁도 과학기술의 올바른 사용 문제를 생각하게 만드는 중요한 사안이다. 이제 그러한 과학기술에 대해 우리가 어떻게 이해하고 어떤 태도를 지녀야 할 것인지 살펴보자.

과학기술에 대한 우리의 태도

과학기술의 발전은 앞에서 살펴본 바와 같이 분명 순기능과 역기능이 있고 때로는 전쟁에서 대량살상무기로 쓰이기도 했다. 그러나 인간은 효율성과 능률성, 미래의 꿈을 실현하기 위해 과학기술의 발전을 기대해왔다.

과학기술이 두 얼굴을 가지고 있다고 해서 인류가 원시시대로 되돌아갈 수 있을까. 그럴 수 없다면 우리는 과학기술을 인류의 발전을 위해 어떻게 잘 사용할 수 있을까를 고민해야 할 것이다. 그동안 인간은 과학기술의 순기능만 강조하고 역기능은 알면서도 덮어둔 채 모르고 지나쳐왔다.

이러한 상황에서 현대의 과학기술과 인간생활의 관계를 통해 우리가 어떤 태도를 취해야 할 것인지 알아보자.

우선, 인간은 과학기술에 속박되는 일 없이 예속상태에서 벗어나야 한다.

현대사회에서 인간은 자신의 생활에 큰 영향을 미치는 과학기술의 내용은 물론 역할, 영향 등에 대해 잘 모르거나 무관심한 상태로 살아가고 있다. 이러한 태도는 과학기술에 대한 인간의 예속을 촉진하는 첫 단추가 되므로 이를 탈피하기 위해서는 과학기술에 대한 폭넓은 이해와 관심을 가져야 한다. 그리고 더 넓게는 과학기술의 발전방향과 한계, 그것을 위해 지불해야 할 대가 등에도 관심을 가지고 선택과 결정에 적극적으로 참여해야 한다.

더욱이 그런 일들을 전적으로 과학기술자나 과학기술을 소유, 통제하는 계층에게만 맡긴 채 살아갈 경우 위험사회를 초래할 수 있다. 과학기술자들이라고 해서 일반인에 비해 과학기술과 관련된 문제들을 더 나은 안목으로 발굴하고 이를 해결하기 위해 노력하는 것은 아니다. 그리고 과학기술을 제대로 이해하게 되면 과학기술에 대한 불신, 반감, 공포 등 많은 부분이 근거없는 것으로 밝혀져 사라지게 될 것이다.

예를 들면, 자동차가 인간의 주요 이동수단이 되고 물건을 운반하는 등 순기능을 하는 반면 이산화탄소를 발생시켜 지구온난화를 가속시키는 역기능을 한다는 것을 이해한다면 자동차를 덜 이용한다거나 전기자동차, 수소자동차 등을 개발해 이산화탄소 배출량을 줄이거나 이산화탄소가 배출되지 않는 자동차의 개발을 촉진하게 될 것이다. 또한 이러한 기술개발을 위한 정책의 결정이나 연구비 배분 등에도 적극 참여하게 될 것이다.

둘째, 과학기술은 과학기술자의 전유물이 아니다. 물론 일반인이 과학기술을 제대로 이해한다는 것은 쉬운 일이 아니지만, 현대의 과학기술은 극도의 전문화로 심지어 과학기술자도 자신이 전공한 분야가 아니면 이해하기가 매우 힘들다. 그러나 그렇다고 해서 과학기술에 무관심해지고 과학기술을 이해하려는 노력을 포기해서는 안 된다. 과학기술의 최종소비자, 즉 사용자는 대부분 일반국민이기 때문이다. 그러므로 어렵더라도 그 가운데 특히 사회와 인간생활의 중요한 문제와 결부된 분야의 내용은 이해하려고 노력해야 한다. 그것을 포기하는 것은 과학기술이 인간생활의 구석구석에 스며들어 큰 영향을 미치는 현대사회에서 책임 있는 인간으로 살아가는 것을 포기하는 것과 같다.

과학기술의 내용이 어려운 것이 사실이므로 과학기술자는 일반인이 좀더 쉽게 이해할 수 있게 알리는 역할을 게을리하면 안 된다. 또한 정부는 적극적인 홍보활동을 통해 그러한 역할을 주도적으로 해야 한다. 그러면 과학기술을 이해하는 일이 불가능한 것만은 아니다.

셋째, 과학기술자도 폭좁은 전문가의 위치에서 탈피해야 한다. 그리고 자신의 전문 분야가 인간생활과 여러 사회문제들로부터 동떨어진 별개의 세계를 다루는 것으로 착각해서도 안 된다. 자신의 전문 분야가 인간생활과 사회의 여러 요소에 어떤 영향을 미치고 또 영향을 받는지를 분명히 인식해야 한다. 따라서 과학기술자는 전문 분야의 과학기술 내용은 물론 과학기술의 사회적·정치적 이해나 윤리문제에도 관심을 가지고 필요한 지식과 안목도 갖추어야 한다. 그래서 현대사회를 '융합화 사회'라고도 한다.

예를 들면, 생명공학의 발전은 질병치료와 생명연장, 엄청난 부가가치를 창출하는 21세기 첨단과학의 총아로 떠올랐지만 새로운 생명체를 만드는 데 따른 윤리적 논란과 유전자변형GM 식품의 안전성 논란, 복제기술의 성공이 의료목적이 아니라 우생학적으로 악용될 소지에 대한 두려움의 문제도 있다.

따라서 과학기술자는 더 이상 일반인들이 과학기술을 이해하든 안 하든 관심을 가지든 말든 상관없이 지나칠 수 없으며, 일반인들에게 과학기술을 이해시키기 위해 노력해야 한다.

넷째, 과학기술의 문제점은 결국 과학기술로 해결할 수밖에 없다. 예를 들면, 과학기술 발전의 부산물로서 대표적인 환경오염은 막대한 과학기술 개발투자로 해결할 수밖에 없다, 물론 통신과 인터넷의 발달로 인한 사생활의 침해, 각박한 인간관계, 윤리·도덕의 해이 등 많은 사회적 영향은 과학기술로도 해결할 수 없다.

마지막으로, 일반인들과 과학기술자, 국가와 국제사회 모두가 변해야 한다. 과학기술이 고도로 발달되고 그 역할과 영향이 매우 커진 현대사회에서 일반인들과 과학기술자, 국가와 국제사회가 함께 과학기술의 올바른 사용과 문제점 해결에 노력을 기울여야만 과학기술과 인간의 관계는 좀 더 바람직하게 될 것이다.

결론적으로 첨단과학기술의 시대인 현대사회에서 과학기술은 동전의 양면과도 같은 존재이므로 순기능을 최대화하고 역기능을 최소화한다면 분명 인간생활을 좀 더 풍요롭게 할 것이며 인류의 미래도 한층 밝아질 것이다. 또한 과학기술은 인간의 행복을 위해 사용되어야 하며, 과학기술이 어떤 정보를 제공하든 그것을 사용하는 이들이 올바른 가치관을 가지고 있어야 한다는 점을 강조하지 않을 수 없다.